JOURNAL FÜR HIRNFORSCHUNG

INTERNATIONALES JOURNAL FÜR NEUROBIOLOGIE
INTERNATIONAL JOURNAL OF NEUROBIOLOGY
JOURNAL INTERNATIONALE DE NEUROBIOLOGIE

BEGRÜNDET VON CÉCILE UND OSKAR VOGT

Unter Mitwirkung des Instituts für Hirnforschung und allgemeine Biologie in Neustadt/Schwarzwald
und der Arbeitsgemeinschaft für vergleichende Neuroanatomie
der Fédération mondiale de Neurologie (World Federation of Neurology)

BAND 5 · HEFT 1 · 1962

AKADEMIE-VERLAG · BERLIN

Inhalt des Heftes 1

Im JOURNAL FÜR HIRNFORSCHUNG werden Arbeiten aus dem Gesamtgebiet der normalen Morphologie (Anatomie, Histologie, Cytologie, Elektronenmikroskopie, Histochemie) und der Entwicklungsgeschichte des Nervensystems unter Einschluß experimentell-anatomischer Arbeiten veröffentlicht. Neuropathologische Arbeiten werden nur angenommen, wenn sie Beiträge zur normalen Struktur, den Strukturwandlungen oder deren funktionellen Bedeutungen enthalten. Zum Publikationsgebiet des Journals für Hirnforschung gehören auch Arbeiten, die sich mit der Zuordnung experimenteller Reiz- und Ausfallerscheinungen bzw. klinischen Symptomen zu bestimmten Strukturen des Gehirns („Lokalisationslehre") befassen. Als spezielles Publikationsgebiet ist die vergleichende Neurobiologie vorgesehen.

The JOURNAL FÜR HIRNFORSCHUNG will publish studies on normal morphology (anatomy, histology, cytology, electron microscopy, histochemistry), on the development of the nervous system, as well as experimental anatomical studies. Neuropathological studies will only be published if they contribute to the knowledge of normal structures, structural changes or their functional significance. Papers dealing with the cerebral localization of experimental excitation and deficit phenomena or clinical symptoms (localization theory) will also be published by the JOURNAL FUER HIRNFORSCHUNG. A special part of the publication is reserved for comparative neurobiology.

Le JOURNAL FÜR HIRNFORSCHUNG publiera des études sur la morphologie normale (anatomie, histologie, cytologie, microscopie électronique, histochimie), sur le développement du système nerveux ainsi que des études anatomiques expérimentales. Des études neuropathologiques seront seulement acceptées quand elles contribuent à la connaissance des structures normales, des changements structurels ou de leur signification fonctionelle. Des études sur la localisation cérebrale de phénoménes expérimentaux ou cliniques d'excitation ou de déficit (doctrine des localisations) seront également publiées par le JOURNAL FUER HIRNFORSCHUNG. Une partie spéciale sera réservée à la neurobiologie comparée.

Verantwortlich für den Inhalt: Dr. J. Anthony, Paris, Dr. A. Hopf, Neustadt/Schwarzwald, Prof. Dr. W. Kirsche, Berlin und Prof. Dr. J. Szentágothai, Pécs. Verlag: Akademie-Verlag GmbH, Berlin W 8, Leipziger Straße 3–4 (Fernruf: 20 0441, Telex-Nr. 011 773); Postscheckkonto: Berlin 350 21. Bestellnummer dieses Heftes: 1018/5/1.

Das „Journal für Hirnforschung" erscheint in zwanglosen Heften von verschiedenem Umfang. 6 Hefte bilden einen Band. Preis je Einzelheft 12,– DM. Ein Band 72,– DM. Satz und Druck: VEB Druckhaus „Maxim Gorki", Altenburg. Veröffentlicht unter der Lizenznummer ZLN 5029 des Ministeriums für Kultur. Printed in Germany.

JOURNAL FÜR HIRNFORSCHUNG

Internationales Journal für Neurobiologie

BAND 5 HEFT 1 1962

Vorwort

Noch können wir das Dahinscheiden von Oskar Vogt nicht ganz fassen.

Zu seinen Lebzeiten hat seine so reiche und starke Persönlichkeit auf dem Gebiet der Gehirnanatomie eine überragende Stellung eingenommen. Er gehörte zu jenem Kreis berühmter Persönlichkeiten, denen das 19. und 20. Jahrhundert die Vertiefung unseres Wissens über den Bau des Gehirns verdankt.

Es gibt in der ganzen Welt nur wenige Neuroanatomen und Physiologen, die nicht aus der Nähe oder Ferne, in Übereinstimmung oder im Gegensatz mit dieser wunderbaren Persönlichkeit in Verbindung standen und durch seine Bildung des Geistes und seine Lehre bereichert worden sind.

Während seiner langen erstaunlichen Karriere hat er sich nicht wie andere nur in diesem oder jenem Zugangsstollen jenes Bergwerkes, das die Architektur des Gehirns darstellt, vergraben. Bis zu seinem hohen Alter war er gegenüber jeder neuen erfolgversprechenden Forschungsrichtung aufgeschlossen.

Seine über alle Kontinente verstreuten Schüler haben ihm eine große Zuhörerschaft in der ganzen Welt gesichert.

Cécile Vogt, seine Frau stand ihm ein halbes Jahrhundert ständig zur Seite, wenn auch freiwillig ein wenig im Hintergrund des Meisters und seiner Arbeit. Sie brachte ihm zu jeder neuen Aufgabe ihren klaren Blick, ihren wendigen Verstand und besaß eine fast mütterliche Nachsicht für die Jugend. Sie weilt noch unter uns; auf dem Neustädter Hügel hat sie den Abschied von ihrem Gatten nicht überleben wollen.

Während einer durch die Frühlingspracht des badischen Hügellandes ergreifenden Wallfahrt hatte ich den Vorzug, die Briefe, Bilder und jenes Buch seiner Freunde und Gäste und seiner Schüler zu sehen, in dem jeder einen Namenszug, einen Wahlspruch, einen Aphorismus oder ein Bild verzeichnet hatte.

Bei Betrachtung dieser Erinnerungen wurde die Geschichte der Neurologie der letzten 60 Jahre wieder lebendig.

Dabei ergab sich ganz natürlich die Frage, warum man nicht aus seiner Zeitschrift, mit der er sich immer so sehr verbunden fühlte, das im Weltmaßstab wirksame Instrument einer neuen Epoche der Forschung machen sollte. Warum sollte man nicht alle, in denen das Interesse an der normalen und vergleichenden Anatomie des Menschen und der Tiere lebendig ist, zur Mitarbeit an dieser wissenschaftlichen Zeitschrift aufrufen?

So werden das geistige Werk von Cécile und Oskar Vogt und das umfassende Interesse, das bei der Schaffung dieses Organs Pate stand, wirksam in einer wissenschaftlichen Vorstellung weiterleben, die weder Weltanschauungen noch Landesgrenzen kennt.

1959 wurde am Institut von Prof. Spatz in Gießen eine Arbeitsgruppe im Rahmen der Weltföderation für Neurologie gegründet, die sich der Verbreitung der vergleichenden Anatomie des Nervensystems widmet. Warum sollte man diesen Arbeitskreis nicht mit den Bestrebungen der beiden Vogts und ihrer Schule vereinigen und sie sogar dazu veranlassen, diese Bemühungen im weltweiten Maßstab fortzuführen?

Frau Cécile Vogt hat sofort den Wert unseres Vorhabens erkannt. Sie hat mit der ihr eigenen Großzügigkeit bei der Verwirklichung dieses Planes geholfen und alle Schwierigkeiten, die sich aus den gegenwärtigen Umständen ergeben konnten, aus dem Weg geräumt.

Die von Herrn und Frau Vogt geschaffene Zeitschrift wird dank ihrer Schirmherrschaft und wirksamen Mitarbeit, dank der Zusammenarbeit mit der Deutschen Akademie der Wissenschaften zu Berlin und dank des Rückhaltes durch die Arbeitsgruppe für vergleichende Neuroanatomie in der Weltföderation für Neurologie zu einem Organ werden, das sich dem Studium der Neurobiologie unter einem sehr weiten morphologischen Blickwinkel widmen wird und das sich berufen fühlt, die Arbeiten der östlichen Hemisphäre auf diesem Gebiet bekanntzumachen und zu verbreiten.

Die Weltföderation für Neurologie will das während eines halben Jahrhunderts von einer Handvoll Forscher unter der Schirmherrschaft von den beiden Vogts und der Deutschen Akademie der Wissenschaften zu Berlin geschaffene Werk fortführen und versuchen, die mit den gleichen Problemen beschäftigten Ärzte und Forscher in einer übernationalen Gemeinschaft zu sammeln.

Dr. Ludo van Bogaert
Präsident
der Weltföderation für Neurologie

Preface

Even yet we can scarcely believe that Oscar Vogt is dead.

For the past fifty years the field of cerebral anatomy has been dominated by his rich and powerful personality: he belonged to the line of distinguished pioneers, to whom we of the 19th and 20th centuries owe the growth of our knowledge of the structural organization of the brain. Throughout the world there are few neuro-anatomists and neurophysiologists, who, from afar or from close at hand, in agreement or in opposition, have not come in contact with his magnificent intellect and benefited from his erudition and his teaching.

During his long and astonishing career he did not, like others, close himself up in one or other of the galleries leading to the mine, which represents cerebral architecture. Right up to his last years he remained receptive to any new line of research, which might prove fruitful.

The fact that his pupils were scattered across the globe assured him of a world-wide audience.

For fifty years his wife, Cécile Vogt, has been his constant companion, willing, however, to remain in the background, behind the Master and his Work. To each new project she applied the clarity and versatility of her mind and displayed an almost maternal indulgence for young people. She is still with us. On the hill in Neustadt she did not wish to survive her husband's death.

During a pilgrimage to the uplands of Baden, a pilgrimage made all the more moving by the beauty of the countryside in spring, I had the privilege of seeing once again the letters, the pictures and the book containing the names of his friends and guests, to which each of his pupils had contributed a signature, a motto, an aphorism or a drawing.

In these souvenirs the history of Neurology during the last sixty years came to life. It was, therefore, quite natural that the question should arise as to why his journal, with which he had been so closely concerned, should not be made the world-wide instrument of a new era in research? Why not invite all those, who are still convinced of the importance of the normal and comparative anatomy of man and of animals, to co-operate in this scientific journal?

Thus, the work of the creative minds of Cécile and Oscar Vogt and the widespread interest, exhibited at the time of the journal's appareance, would remain alive in a concept of science which knows no *Weltanschauung* and no boundaries.

In 1959 a working group was founded been formed at the Institute of Professor Spatz, in Gießen, within the World Federation of Neurology, dedicated to the advancement of research in comparative neuro-anatomy. Why not unite this group with the efforts of the two Vogts and their assistants and encourage it to develop these efforts on a world-wide scale?

Madame Cécile Vogt appreciated immediately the value of our aim. With her instinctive generosity she helped us fulfil our plans and smoothed away any difficulties, which might have arisen from present circumstances.

Thanks to her support and effective co-operation, thanks to the collaboration of the German Academy of Science and the backing of the working group for comparative Neuroanatomy of the World Federation of Neurology, the journal founded by Monsieur and Madame Vogt will become an organ, devoted to the study of neurobiology, from a wide morphological angle, and designed to publish and circulate the work done in this field in the Eastern Hemisphere.

By contributing in this way to the work carried out during fifty years by a handful of research workers, under the patronage of the Vogts and the Academy of Science in Berlin, the World Federation of Neurology is trying to unite, in an international body, all doctors and research workers, concerned with the same problems.

Dr. Ludo van Bogaert
President of the World Federation of Neurology

Avant-Propos

On ne réalise pas encore l'absence de M. Oscar Vogt.

Sa personnalité si riche et si puissante a dominé pendant un demi-siècle tout un secteur de l'anatomie cérébrale et de son vivant: il était entré dans cette lignée classique à qui le XIXe et le XXe siècle doivent l'approfondissement de nos connaissances sur les structures cérébrales. Il n'y a presque pas de neuro-anatomistes à travers le monde, il n'y a que peu de physiologistes qui n'aient de près ou de loin, en accord ou en désaccord, pris contact avec cette magnifique intelligence et qui n'aient retiré de sa culture et de sa foi un enrichissement.

Durant cette longue et étonnante carrière, il ne s'est pas comme d'autres enfermé dans l'une ou l'autre galerie d'approche de cette mine qu'est l'architecture cérébrale. Il est résté jusqu'à son grand âge ouvert à toute direction nouvelle de recherche susceptible d'être fructueuse.

Dispersant à travers les continents quelques élèves d'élité il s'était assuré une audience mondiale.

Incessamment à ses côtés, volontairement un peu en retrait du Maître et du Travail, y apportant à chaque mise en oeuvre de projet sa vue perçante, sa souple intelligence et une indulgence presque maternelle pour les jeunes, s'est tenue pendant ce demi-siècle Madame Cécile Vogt. Elle est encore parmi nous. Elle n'a pas voulu survivre, sur la colline de Neustadt, au départ de son mari.

Dans un pèlerinage rendu plus émouvant par la splendeur du printemps sur les collines du Pays de Bade, j'ai eu le privilège de revoir, les lettres, les portraits, le livre des amis et des hôtes, celui des élèves où chacun avait laissé une griffe, une devise, une pensée ou une image.

L'histoire de la Neurologie de ces soixante dernières années revivait à travers ces souvenirs.

Une question se posa tout naturellement: pourquoi ne pas faire de son journal, de ce journal auquel il s'était tant attaché, l'instrument, à portée mondiale, d'une nouvelle ère dans la recherche? Pourquoi ne pas appeler à collaborer à cette revue si stricte tous ceux en qui vit encore la confiance dans l'anatomie normale et comparée humaine et animale?

Ainsi la démarche intellectuelle de Madame Cécile et de Monsieur Oscar Vogt, le large spectre d'intérêt qui présida à la création de cet organe, survivraient efficacement dans une conception de la science ne connaissant ni philosophies ni frontières.

Un groupe de travail avait été créé à Giessen en 1959 dans l'Institut du Prof. Spatz, au sein de la Fédération Mondiale de Neurologie, consacré à la propagation des recherches de Neuro-anatomie comparée. Pourquoi ne pas associer ce groupe de travail à l'effort des deux Vogt et de leur Ecole, et de le convier même à développer cet effort sur un plan continental?

Madame Cécile Vogt a compris tout de suite la valeur de notre but. Avec sa générosité nâtive elle nous a aidés à réaliser ce plan, elle a aplani les difficultés qui pouvaient résulter des circonstances actuelles.

Le Journal de Monsieur et Madame Vogt devient grâce à son patronage et à sa collaboration effective, grâce à l'accord de l'Académie des Sciences, grâce à l'apport du groupe de travail de la Fédération Mondiale de Neurologie, un organe voué à l'étude de la Neurobiologie sous un angle morphologique très large et appelé à faire connaître et diffuser les travaux de l'Hémisphère oriental dans ce domaine.

En servant ainsi l'oeuvre poursuivie pendant plus d'un demi-siècle par une poignée de chercheurs sous la patronage des Vogt et de l'Académie des Sciences de Berlin, la Fédération Mondiale de Neurologie cherche à rallier, dans une harmonie supranationale, tous les médecins et chercheurs attelés aux mêmes problèmes.

Dr. Ludo van Bogaert
Président de la Fédération mondiale de Neurologie
(World Federation of Neurology)

Aus dem Institut für Hirnforschung und allgemeine Biologie Neustadt/Schwarzwald
(Leiter: Priv.-Doz. Dr. A. Hopf)

Methode zur Rekonstruktion von Nervenzellen

(auf der Basis des Nissl-Äquivalentbildes)

Von

M. Gihr

Eingegangen am 17. 1. 1961

Inhaltsverzeichnis

I. Einleitung

In vielen cytoarchitektonischen Arbeiten wird der Versuch unternommen, an Hand von Schnittbildern, meistens Nissl-Präparaten, zu einer Klassifikation von Nervenzellen innerhalb einer bestimmten Hirnregion zu kommen. Das Schnittbild liefert aber lediglich eine Flächenansicht der Nervenzelle und erlaubt deshalb nur mit großer Einschränkung Rückschlüsse auf die tatsächliche Form. Denn selten sind die Zellen genau senkrecht zu ihrer Längs- oder Querachse geschnitten. Meistens werden sie mehr tangential getroffen. So braucht z. B. ein pyramidenförmiges Schnittbild, das einen Kern, einen weit verfolgbaren Spitzendendriten und mehrere Basaldendriten aufweist, nicht unbedingt einer Pyramidenzelle angehören. Es kann ebensogut einer

Spindelzelle zugeordnet werden. Umgekehrt kann ein spindelförmiges Schnittbild, das einen ebenso ausgeprägten Spitzen- wie Basaldendriten und einen Kern aufweist, mit gleicher Wahrscheinlichkeit einer Pyramiden- wie einer Spindelzelle angehören. Da sich also aus dem Schnittbild allein nicht einwandfrei entscheiden läßt, welcher Zelltyp tatsächlich zugrunde liegt, haftet den Aufstellungen der Nervenzellarten eine gewisse Unsicherheit an.

Um diesen Unsicherheitsfaktor etwas einzuengen, wurde eine Methode zur räumlichen Darstellung von Nervenzellen ausgearbeitet.

Mit dieser Rekonstruktion wird nicht die lebende Zelle in ihrer natürlichen Form zur Anschauung gebracht, sondern lediglich das histologisch-flächenhafte Bild in ein räumliches überführt. Es schien deshalb berechtigt, die Rekonstruktion auf dem Äquivalentbild aufzubauen. Nach Nissl sind Äquivalentformen „. . . jene künstlich aus todtem Gewebe dargestellten Nervenzellenformen . . .“. Sie sind demnach „. . . jene Formen, die der Untersucher der gesunden lebenden Nervenzelle äquivalent erachtet, die er an Stelle der gesunden lebenden Nervenzelle setzt, die er bei seinen Studien geradezu mit der lebenden Normalzelle identificirt“. Nissl versteht also unter Nervenzelläquivalentbild „das mikroskopische Strukturbild der im Gewebe vorhandenen Nervenzellen des in einer bestimmten Weise getöteten Tieres, das bei einer bestimmten mikroskopisch-technischen Behandlung des Nervengewebes unter bestimmten Voraussetzungen erfahrungsgemäß mit einer gesetzmäßigen Gleichheit zur Darstellung gebracht werden kann“.

In Übereinstimmung mit schon früher von Bethe geäußerten Anschauungen kommt Pischinger zu dem Resultat, daß „elektrische Kräfte“ in erster Linie „die Ursachen der Färbung“ darstellen . . . Ausdrücklich betont Pischinger dabei, „daß durch die Fixierung durch indifferente Flüssigkeiten (Alkohol und Formol) keine so großen Änderungen in der Lage des isoelektrischen Punktes hervorgerufen werden kann, als daß man nicht wenigstens das zur Geltung bringen könnte, was Nissl mit dem Begriff des Äquivalentbildes zum Ausdruck brachte“. Zeiger (1935) hebt gegenüber der Alkoholfixierung die besseren Ergebnisse der Fixierung mit Formalin hervor, da hiermit „auffallend homogene Gelatinierungen“ im Gegensatz zu den „tiefgreifenden Fällungswirkungen des absoluten Alkohols“ erzielt werden und da es außerdem Fette und Lipoide bis zu einem gewissen Grade stabilisiert. Aus den Versuchen von Ries und Gersch (1936) an Apylsiaeiern ergibt sich mit „Sicherheit, daß das pH der Phasen im lebenden System . . . weitgehend unabhängig ist von dem isoelektrischen Punkt der in diesen Phasen vorkommenden Eiweißsubstanzen nach ihrer Denaturierung“ (d. h. also nach der Fixierung). Nach den Feststellungen von Pischinger (1926) und Zeiger (1935) können wird jedoch hoffen, in unseren formolfixierten Präparaten kein so abgewandeltes Nervenzellbild zu erhalten, daß es nicht mehr als Äquivalentbild angesehen werden könnte. Außerdem kommen für unsere Rekonstruktionen zunächst nicht detaillierte Zellstrukturen, sondern nur äußere Umrisse des Zelleibes in Betracht, die wohl am wenigsten verändert sein dürften.

II. Material und Technik

a) Material

Um recht große Zellen für unsere Rekonstruktion zu haben, wählten wir das Parazentralläppchen und die hintere Wand der vorderen Zentralwindung der linken Hemisphäre eines Normalgehirns für unsere Untersuchungen. Diese Region ist ja der Sitz der größten Nervenzellen des Gehirns, der sog. Betzschen Riesenpyramiden. Das Material wurde in 4% Formol fixiert.

b) Einbettungsverfahren

Vorversuche dienten der Erarbeitung einer möglichst einwandfreien Technik zur Herstellung sehr dünner Serienschnitte für die Rekonstruktion und der Gewinnung genauer Kenntnisse über die Einwirkungen und Veränderungen, denen das Präparat während des gesamten Einbettungs- und Färbeprozesses unterworfen ist.

Zur Rekonstruktion dieser großen Nervenzellen in 2000facher Vergrößerung ist eine Schnittdicke von 3 μ günstig. Für die Herstellung einer einwandfreien 3 μ-Schnittserie ist ein sehr hartes Einbettungsmittel — in unserem Fall Paraffinum solidum F., Merck (68—72°C) — erste Bedingung. Um eher einen Vergleich zu unseren üblichen Paraffin-Schnittserien zu haben, sahen wir von Celloidin als Einbettungsmittel (wie es Lhermitte, J. und W. M. Kraus (1925), Kraus, W. M. und A. Weil (1926) bei ihren Rekonstruktionen verwendeten) trotz seiner etwas geringeren Schrumpfwirkung (s. Haug, H. und Kraus, C., 1958) ab. Solch hartes Paraffin war im allgemeinen in der Einbettungstechnik nicht gebräuchlich, besonders, weil immer eine erhebliche Schrumpfwirkung des Gewebes und dadurch eine beträchtliche Veränderung der Zellen befürchtet wurde. Nach Haug (1959) sollte eine Temperatur von 56°C beim Einbetten nicht überschritten werden, um eine zusätzliche Wärmeschrumpfung zu vermeiden.

Aus unseren Untersuchungen ging jedoch hervor, daß die Schrumpfung, die der Gewebeblock beim Übergang von Chloroform in Paraffin mit einem Schmelzpunkt von 48—50°C erleidet, die einzige innerhalb der Paraffinreihe ist. Sie betrug ca. 17%. In den härteren Paraffinstufen von 57—60°C und 68—72°C blieb die Blockgröße unverändert. Es war zu keiner Wärmeschrumpfung gekommen. Auch das mikroskopische Bild (Nisslpräparat) zeigte keinerlei Schrumpfungsschäden. Die Nervenzellen waren normal gestaltet, pericelluläre Räume so gut wie nicht vorhanden. Das beweist, daß der hohe Schmelzpunkt des Paraffins von 68—72°C das Präparat in keiner Weise ungünstig beeinflußt (s. auch Mikrotom Nachrichten, Heft 2, 1958). Jener Schrumpfwirkung, die — wie bereits erwähnt — zu einem frühen Zeitpunkt innerhalb der Paraffinreihe auftritt (und nicht mit der Schrumpfung im hochprozentigen Alkohol zu verwechseln ist), sind außerdem alle einzubettenden Gewebe ausgesetzt; denn alle müssen diese Einbettungsstufe durchlaufen. Insofern ergibt sich auch für unsere Präparate keine Abweichung von der Norm. Dennoch wurde bei der Einbettung darauf geachtet, den Gewebeblock möglichst schonend unter langsamem Temperaturanstieg durch die ganze Paraffinreihe hindurchzuführen (vgl. Tab. 1).

Tabelle 1

Nr.	Medium	Schmelzpunkt	Temperatur des Vakuum-Trockenschrankes	Schrumpfung
	Chloroform-Paraffin	—	30° C	—
1	Paraffin	42—44° C	56—58° C	ca. 17%
2	Paraffin	48—50° C	56—58° C	
3	Paraffin	52—53° C	60° C	keine weitere Schrumpfung mehr
4	Paraffin	57—60° C	67° C	
5	Paraffin	68—72° C	78° C	

Die Temperatur des Gießparaffins und die des Vakuum-Trockenschrankes war stets um ca. 8—10°C höher als die des betreffenden Mediums, in dem der Gewebeblock sich befand.

Zum Gießen des Blockes wurde fabrikneues Paraffin mit einem Schmelzpunkt von 68—72°C verwendet. Es wurde vor Gebrauch etwa eine halbe Stunde stark erhitzt und dann durch ein doppeltes Papierfilter über Aktivkohle filtriert. Den gegossenen Block ließ man langsam bei Zimmertemperatur erstarren. Bei sauberer und schonender Überführung der Gewebestückchen durch die einzelnen Medien, bei gut gereinigtem Gießparaffin und vorsichtiger Einbettung kommt es zu keinerlei Spannungen des Paraffins; ein völlig homogener Paraffinmantel umschließt den Block. Dies steht in Gegensatz zu der Angabe von Romeis (1948), der für die Schnittfähigkeit „langsames Erstarrenlassen an der Luft ohne Kühlung durch Wasser von unten her" für unbedingt schädlich hält.

c) *Schneiden*

Mikrotom, Messerwinkel, Messerschliffart, Größe der zu schneidenden Blockfläche, Härte des Einbettungsmittels sind einige der Faktoren, die beim Schneiden berücksichtigt und der jeweiligen Situation immer neu angepaßt werden müssen.

Zur Herstellung sehr dünner Schnitte hat sich das Mikrotom Minot 1120 als sehr günstig erwiesen.[1]) Aus den Versuchen ging hervor, daß bei einer Block-

[1]) Das Mikrotom Minot 1120 wurde uns freundlicherweise von der Firma R. Jung A. G., Heidelberg, für unsere Rekonstruktion zur Verfügung gestellt.

Der Firma Jung A. G. und ihrem Mitarbeiter, Herrn Dr. H. Kirchberg sei für ihr freundliches Entgegenkommen bestens gedankt.

fläche von 2,4 cm Breite, 2,5 cm Länge und einem Paraffinhärtegrad von 68—72°C unter Verwendung des d-Messers und einem Messerwinkel von +10 gute Serienschnitte erzielt werden.

Zum Vergleich und zur Veranschaulichung der vielfältigen „Situationen" am Mikrotom sei hier nur noch kurz angeführt, daß beim Tetrander I unter Verwendung derselben Paraffinhärte aber eines etwas größeren Blockes (4/2,5 cm) mit dem c-Messer und zugeordnetem Winkel 0 noch Schnitte bis zu 8 μ, mit dem d-Messer und Messerwinkel 5 Schnitte bis zu 5 μ gewonnen werden konnten.

Zum Mikrotomieren hat es sich als vorteilhaft erwiesen, von den Seitenkanten des Blockes den harten Paraffinmantel bis auf einen schmalen Saum zu entfernen, um ein zu starkes Zusammenschieben der Schnitte zu vermeiden. Zur leichteren Herstellung von ganzen Schnittbändern wurde der zugeschnittene Gewebeblock noch mit einem dünnen Mantel weichen Paraffins umgeben, dem — der größeren Klebbarkeit wegen — 5% Bienenwachs zugesetzt war. Es wurde möglichst ohne Unterbrechung und ohne Eiskühlung bei normaler Zimmertemperatur geschnitten.

d) Aufziehen der Schnitte und Färben

Mehrere der sorgfältig gereinigten, beschrifteten und mit Eiweißglyzerin dünn und gleichmäßig bestrichenen Objektträger wurden zunächst nebeneinander auf eine Platte gelegt, daraufhin mit kaltem Aqua dest. überschichtet. Ein der Objektträgergröße angepaßtes Schnittband wurde vorsichtig unter Vermeidung von Luftblasen daraufgelegt. Zum Strecken der Schnitte kamen die Objektträger nun auf eine mit schwarzem Detopakglas belegte, temperaturkonstante Wärmeplatte, die auf ca. 60°C vorgeheizt war. Wie aus Nebenversuchen hervorging, kann die Temperatur ziemlich hoch eingestellt werden und gewährleistet so — ohne Gewebeschaden — eine gute Streckung der Schnitte. Diese Methode des langsamen Erwärmens und Streckens der Schnitte hat sich gerade zur Beseitigung von Falten und Luftblasen vorzüglich bewährt. Kommen die Schnitte nämlich direkt auf warmes bzw. heißes Wasser, ist ein Ausbreiten der Falten mittels stumpfer Nadeln praktisch unmöglich. Durch das rasche Erwärmen des Paraffins kleben die gefalteten Schnittpartien unweigerlich zusammen.

Waren die Schnitte genügend gestreckt, wurde das überschüssige Wasser mit einem Wattebausch vorsichtig über einer Ecke des Objektträgers abgesaugt. Die ganze Objektträgerserie kam daraufhin noch einmal kurz auf die Wärmeplatte und anschließend (über Nacht) in den Thermostaten. Die auf diese Weise gut getrockneten Schnitte klebten der Oberfläche des Objektträgers fest an. Dadurch wurde das bei großen und dickeren Gehirnschnitten übliche Glätten mit Pergamentpapier, das sich für unsere dünnen Schnitte eher nachteilig auswirken würde, wie auch das nachfolgende „Trockenpinseln" überflüssig.

Das Entparaffinieren der Schnitte konnte nicht mit dem meist üblichen Lösungsmittel Xylol durchgeführt werden. Das 68—72°C harte Paraffin wird in kaltem Xylol nur langsam und unvollständig gelöst und „flockt" aus. Heißes Xylol, wie es für diesen Zweck in den Mikrotom Nachrichten (Heft 4, 1960) empfohlen wird, ist seiner Feuergefährlichkeit wegen ebenfalls ungünstig. So hat sich Chloroform als das beste und schnellste der vier untersuchten Lösungsmittel (Xylol, Toluol, Benzol, Chloroform) erwiesen. Zur Verhütung von Austrocknungsschäden wurden die Schnitte nach dem Entparaffinieren rasch in Xylol überführt und dann wie üblich weiterbehandelt.

Die Präparate wurden mit Cresylechtviolett (höchstkonzentriert) Bayer gefärbt.

e) Prüfen der Schnittdicke und der Längenstauchung

Vor jeder Rekonstruktion ist das Prüfen der Schnittdicke besonders wichtig (John, K., 1929). Zur Kontrolle der Zuverlässigkeit des Mikrometerwerkes unseres Mikrotoms Minot 1120 wurden deshalb 1000 Schnitte von einem Probeparaffinblock desselben Härtegrades (68—72°C) ohne Unterbrechung abgehobelt. Die Bilanz zeigte, daß die Blockhöhe nach 1000 Schnitten à 3 μ um genau 3 mm verringert war (gemessen wurde mittels einer Schublehre, die noch $^1/_{10}$ mm Meßgenauigkeit zuließ). Damit war einwandfrei nachgewiesen, daß der tatsächliche Hubraum pro Schnitt nicht größer war als 3 μ.

Durch das Schneiden erfährt jedoch jeder Schnitt — und je dünner er ist desto mehr — eine Formveränderung (Kraus, C., 1960), die sich hauptsächlich in einer Längenstauchung und Schnittdickenzunahme äußert. Die Längenverminderung wurde mit Millimeterpapier gemessen. Wir konnten so eine durchschnittliche Längenstauchung von ca. 30% feststellen, wobei es offen bleibt, welche Struktur des Gewebes von dem Stauchungsprozeß tatsächlich erfaßt wird.

Die mikroskopisch bestimmte, durchschnittliche Schnittdicke der gefärbten Nisslpräparate beläuft sich auf 3,4 μ, ein Wert, der nur ungefähr die Zunahme der Schnittdicke durch den Stauchungsprozeß widerspiegelt. Hier macht sich bereits der Einfluß des Tiefenschärfebereiches (John, K., 1929, Leitz, 1938, Haug, 1954 und 1959) ungünstig bemerkbar, zu dem — besonders bei Strukturen mit undeutlichen Grenzen wie den Nervenzellen im Nisslbild (Haug, 1954, p. 307) — der Unschärfebereich noch hinzukommt. Da wir — wie gesagt — nicht wissen, welche Struktur des Gewebes vom Stauchungsprozeß tatsächlich erfaßt wird, ließen wir bei unseren Nervenzellrekonstruktionen die Längenstauchung unberücksichtigt und hielten uns bei dem Maß der Plattendicke nur an den tatsächlichen Hubraum des Mikrotoms (3 μ).

f) Rekonstruktionsverfahren

Bis heute scheinen Rekonstruktionen von Nervenzellen recht selten zu sein. Aus der Literatur sind uns nur die Arbeiten von Lhermitte, J. and W. M. Kraus (1925) und Kraus, W. M. and A. Weil (1926) bekannt. Diese berichten über eine Rekonstruktion von motorischen Vorderhornzellen. Zur Herstellung der Modelle, denen Zeichnungen an Celloidin-Schnittserien zugrunde lagen, benutzten sie Platten aus Bienenwachs. Die verhältnismäßig starke Schnittdicke von 15 μ erlaubte keine scharfe Abgrenzung in den Randpartien der einzelnen Zelle. Daraus resultierte — je nach der Schnittrichtung — ein etwas schlankeres bzw. gedrungeneres Modell desselben Zelltyps.

Unseren Rekonstruktionsversuchen liegt eine Sagittal-Schnittserie zugrunde, die median am Parazentralläppchen begonnen und lateralwärts fortgesetzt wurde. Der Windungskrümmung zufolge besagt dies jedoch nicht, daß alle Zellen in der gleichen Schnittrichtung getroffen wurden.

Obwohl mit der Abnahme der Schnittdicke automatisch eine Vergrößerung der Fehlerquelle verbunden ist, wählten wir dennoch eine Schnittdicke von 3 μ, weil sie

1. gerade noch günstig war, einen annähernd kontinuierlichen Übergang der einzelnen Zellschnittbilder zu gewährleisten,
2. eine relativ große Schnittfläche des Blockes erlaubte und so die vordere Zentralwindung in toto geschnitten werden konnte,
3. noch eine gute Färbung der Schnitte ermöglichte. Bei noch dünneren Schichten ist die Färbung weniger kräftig und für das Zeichnen von Zellkonturen bei 1200facher Vergrößerung zu kontrastarm.

Zur Herstellung der Modelle dienten Isocolor Dämmplatten[1]) vom Typ C 15/G in 6 mm Stärke und gesägter Oberfläche. Schon Escolar (1960) hatte zur Modellherstellung des Gehirns von „Tupaia glis" dieses handliche, leicht verarbeitbare Material benützt, was uns dazu anregte, es auch für unsere Rekonstruktion zu verwenden. Da es die günstigen Eigenschaften einer hohen Formstabilität mit leichter Schmelzbarkeit in sich vereinigt, ist es zu Modellzwecken geradezu prädestiniert.

Eine Reihe von Präparaten unserer Sagittalschnittserie wurde zunächst mikroskopisch (bei kleiner Vergrößerung) auf markante Zellen hin untersucht und deren Lage auf dem Objektträger vermerkt. Diese Markierung erleichterte die Einstellung der gewählten Rindenregion am Zeichengerät sehr und ersetzte praktisch ein Übersichtsphoto.

Mit Hilfe des Projektionszeichenspiegels der Firma Zeiss/Jena wurden daraufhin Serienschnittbilder bei 1200facher Vergrößerung gezeichnet. Um im nächsten Schnitt dieselbe Zelle einwandfrei wiederfinden zu können, wurden bei kleinerer Vergrößerung zusätzlich zur eigentlichen Zellstruktur andere auffällige Merkmale aus der näheren Umgebung angekreuzt (z. B. ein Blutgefäß, mehrere größere Nervenzellen usw.). Diese zusätzlichen Markierungen wurden bei kleiner Vergrößerung mit den entsprechenden Strukturen des Nachbarschnittes zur Deckung gebracht. Auf diese Weise gelang es mühelos, selbst kleinste unscheinbare Randpartien der „Modell"-zelle im Wirrwarr der Strukturen wiederzufinden. Die anschließend mit einem Pantographen auf

---

[1]) der Color-Fabrik Kindermann, Blumberg (Baden)

2000fache Vergrößerung gebrachten Zeichnungen wurden ausgeschnitten und als „Schnittmuster" mit Stecknadeln auf einer Isocolorplatte befestigt. So konnten sie leicht mit dem eigens für dieses Material entwickelten elektrischen Isocolor Schneideapparat[1]) ausgesägt werden. Beim Aufeinandersetzen der einzelnen „Schnittplatten" dienten die mitgezeichneten Neben- bzw. Innenstrukturen (wie Kern, Nukleolus, Gliazellen) der „Schnittmuster" als Orientierung. Die zunächst mit Stecknadeln lose zusammengesetzten Platten wurden anschließend mit Siporit-Kleber, einem schnelltrocknenden Kunstharzkleber[2]) fest zusammengefügt. Vorher angebrachte Bleistiftmarkierungen erleichterten das Zusammenbauen. Im Hinblick auf das spätere „Modellieren" der Zelle wurde darauf geachtet, möglichst wenig von dem schwerer schmelzbaren Siporit-Kleber auf die Oberfläche der Zelle zu bringen. Auch die dünnen Verstärkungsdrähte, mit denen die Fortsätze und „Auswölbungen" des Zellkörpers versehen wurden, wurden zur Erleichterung des späteren Abschmelzens in das Innere der Dämmplatten eingefügt. Als Aufhängevorrichtung wurde dem Zellkörper speziell ein starker, in zwei Schlingen auslaufender Draht eingefügt.

War die Zelle auf diese Weise zusammengesetzt, zeigte sie natürlich noch kein abgerundetes Bild sondern stufenweise Übergänge von einer Schicht zur andern. Mittels einer eigens dafür gebastelten, heizbaren Drahtspirale, die dem Isocolor Schneidapparat angeschlossen werden konnte, wurde das Plus an Material bei einer Spannung von 2—3 Volt weggeschmolzen. Die modellierte Zelle erhielt darnach einen 3—4fachen Überzug mit Siporit-Kleber[3]), der zum besseren Verstreichen mit 80% Alkohol verdünnt wurde und rasch zu einer dünnen, sehr harten, nicht deformierbaren Hülle erstarrte. Zum Abschluß wurde das Modell noch mit einem dünnen Überzug von Alkoholfirnis[4]) versehen. Die fertige Zelle zeigte ein hellbeiges Aussehen und war sehr leicht. Die Verstärkung mit Draht, die Klebmasse zwischen den einzelnen Schichten, die Hüllschicht und Lackierung hatte keine „Überhöhung" des Modells zur Folge.

III. Bedeutung der Rekonstruktion

Kein noch so intensives Studium einer vollständigen Schnittserie kann eine solch plastische Anschauung vermitteln, wie eine Rekonstruktion es vermag.

Auf Grund der Nisslbilder haben wir im allgemeinen die Vorstellung, wirkliche pyramiden- oder kegelförmige Gebilde vor uns zu haben. Bei der Rekonstruktion von Nervenzellen kommt es aber überraschend zum Ausdruck, wie ungleichseitig die Zellkörper meistens sind und wie sehr sie sich oft bei geringer Breite in die Tiefe ausweiten können (Abb. 1).

---

[1]) [2]) der Color-Fabrik Kindermann, Blumberg (Baden)

[3]) Aus Versuchen mit Movicoll, Paraffin, einer Mischung von Holzmehl und Siporit-Kleber ging hervor, daß sich als Hüllschicht am besten Siporit-Kleber (verdünnt und unverdünnt) eignet.

[4]) Temperafirnis A der Firma C. Kreul, Forchheim/Bayern

Ebenso schwer, wie sich aus einem Schnittbild die räumliche Ausdehnung des Zellkörpers abschätzen läßt, ist es auch, einem Flächenbild den richtigen Zelltyp zuzuordnen. Zwei Beispiele (s. Abb. 2 und 3) mögen veranschaulichen, wie leicht man getäuscht werden kann. Da ist einerseits das pyramidenförmige Schnittbild, das einer Spindelzelle zuzuordnen ist, andererseits das spindelförmige Schnittbild, das einer Pyramidenzelle angehört. Erst die Rekonstruktion erlaubt den sicheren Schluß, welche Zellform dem Schnittbild zugrunde liegt. Sie gibt aber auch zugleich mit der richtigen, plastischen Darstellung des Zellkörpers einen schönen Einblick in die Verschiedenheit der Nervenzellen in Form und Größe (Abb. 4).

Ganz besonders deutlich wird im Modell auch die Vielzahl der Fortsätze (Abb. 5) im Gegensatz zur Kleinheit des Zelleibes, der oft nur die Hülle um den Kern darzustellen scheint. Insofern ist der Terminus „Perikaryon“ wirklich berechtigt.

Die Rekonstruktionsmethode erlaubt aber nicht nur Einzeldarstellungen sondern auch die Anfertigung ganzer Zellgruppen in ihrer natürlichen Lage zueinander (s. Abb. 6). Vielleicht läßt sich so mit der Zeit eine Gesetzmäßigkeit im Aufbau dieser Zellhaufen aus bestimmten Typen herausarbeiten.

Die Rekonstruktion hilft also manche Fragen befriedigend lösen, die mit der histologischen Methode allein nur unvollständig geklärt werden könnten.

IV. Zusammenfassung

Die Unsicherheit, die der Klassifikation von Nervenzellen an Hand von Schnittbildern anhaftet, ließ die Herstellung von Zellmodellen notwendig erscheinen. Da das Nisslbild den Befunden sehr vieler cytoarchitektonischer Arbeiten zugrunde liegt, haben wir zur besseren Vergleichsmöglichkeit unsere Rekonstruktion ebenfalls auf Nisslpräparaten aufgebaut.

Voraussetzung für eine einwandfreie Rekonstruktion ist die genaue Kenntnis aller Einflüsse und Veränderungen, denen das Material bis zum fertigen Präparat unterworfen ist. Es wurde deshalb den Ausführungen über die eigentliche Rekonstruktionsmethode eine eingehende Beschreibung der technischen Bearbeitung des Untersuchungsmaterials vorausgeschickt. Die sehr geringe Schnittdicke von 3 μ erforderte zur Gewinnung einwandfreier Schnittserien ein sehr hartes Einbettungsmittel, in unserem Fall Paraffinum solidum F., Merck, mit einem Schmelzpunkt von 68—72° C. Es konnte nachgewiesen werden, daß es in den härteren Paraffinstufen von 57—60° C und 68—72° C bei langsamem Temperaturanstieg zu keiner zusätzlichen Wärmeschrumpfung kommt, wie zunächst auf Grund von Literaturangaben zu befürchten war. Die einzig feststellbare Schrumpfung innerhalb der Paraffinreihe erfolgte beim Übergang von Chloroform in Paraffin. Diese Stufe muß jedoch auch im normalen Einbettungsprozeß durchlaufen werden.

Die Herstellung der Schnittserien erfolgte mit dem Mikrotom Minot 1120 unter Verwendung des d-Messers bei Messerwinkel + 10. Die Schnitte wurden unter langsamem Erwärmen vorsichtig aufgezogen und gestreckt. Da das harte Paraffin in kaltem Xylol nur unvollständig gelöst wird und ,,ausflockt", mußte zum Entparaffinieren der Schnitte zu einem anderen Lösungsmittel gegriffen werden; es hat sich hierbei Chloroform als das beste und das am raschesten wirksame erwiesen.

Zur Herstellung der Modelle wurden Isocolor-Dämmplatten in 6 mm Stärke und gesägter Oberfläche verwendet. Dieses federleichte Material, das die günstigen Eigenschaften der Formstabilität bei gleichzeitiger hoher Schmelzfähigkeit in sich vereinigt, ist für derartige Modelle gut geeignet. Die Modellplatten — selbst windungsreichste Formen — ließen sich mühelos mit dem Isocolor-Schneideapparat aussägen. Zum Verkleben der einzelnen Platten und zur Herstellung einer dünnen, harten, nicht deformierbaren Hüllschicht war der Siporit-Kleber hervorragend geeignet. Das ,,Modellieren" der zusammengesetzten Zelle konnte der hohen Schmelzfähigkeit des Materials wegen leicht mittels einer eigens dafür gebastelten heizbaren Drahtspirale, die dem Isocolor Schneidapparat angeschlossen wurde, durchgeführt werden. Es war dabei sehr vorteilhaft, daß die Verstärkungsdrähte des Zellkörpers und der Dendriten nicht außen angebracht, sondern in die Dämmplatten eingefügt waren.

Nach dieser Methode ließen sich in relativ kurzer Zeit und mit wenig Aufwand an Material und Kosten handliche, nicht deformierbare Modelle von Nervenzellen in 2000facher Vergrößerung herstellen.

Besser als jede andere Methode vermag die Rekonstruktion die Ungleichförmigkeit bezw. Ungleichseitigkeit des Zellkörpers und dessen relative Kleinheit im Gegensatz zur Vielzahl der Fortsätze zu veranschaulichen. Erst sie erlaubt den sicheren Schluß, welche Zellform dem Schnittbild tatsächlich zugrunde liegt, und vermittelt ein eindrückliches Bild über die Verschiedenheit der Nervenzellen.

Summary

The classification of nerve cells only on the basis of histological sections is very uncertain; therefore the construction of models seems to be necessary. In order to compare it more easily with other histological descriptions the reconstruction is based on Nissl-stained serial sections.

The reconstruction requires an exact knowledge of all influences during the whole process of embedding to which the object is exposed. Therefore the method of reconstruction may be introduced by a detailed technical description. We used human cerebral cortex serially sectioned at 3 μ. The thinness of the sections required a very hard embedding material, in our case "Paraffinum solidum F., Merck", with a smelting point of 68—72°C. If care is taken with the embedding, there is only a shrinking of tissue by the change from chloroform to paraffin but no more in higher temperature (57—60°C and 68—72°C).

The sections were cut with the microtome "Minot 1120" applying the knife profile "d" and an inclination of +10. The paraffin was removed by putting the sections first into chloroform and later into xylol.

"Isocolor-Dämmplatten" with a thickness of 6 mm and a "sawed surface" were used for the reconstruction. Being not only very stable in form but also smelting very easily this material is very suitable for models. The single plates of the cell model were cut with a warmed wire and pasted with "Siporit-Kleber". The cell body — thus obtained — was then moulded by a simple "spiral of wire" which had also been heated.

In this way practicable models with an enlargement of 2000 could be obtained.

No other method can show so well the variety of the cell bodies and their smallness in contrast to the multitude of dendrites. Only this method gives a reliable spatial picture of the cell body underlying the Nissl-stained sections and an impression of the variability of the nerve cells.

V. Literaturverzeichnis

1. Escolar, J., Reconstrucciones estereométricas en anatomía con láminas de plástico (presentación de un encéfalo de „Tupaia glis"). Anales de Anat. IX, 413—432 (1960). — 2. Haug, H., Die Treffermethode, ein Verfahren zur quantitativen Analyse im histologischen Schnitt. Z. Anat., **118**, 302—312 (1955). — 3. Haug, H., Leitfaden der mikroskopischenTechnik, p. 21 u. 121, Stuttgart: Georg Thieme 1959. — 4. Haug, H. u. C. Kraus, Vergleichende Untersuchungen über die Celloidin- und Paraffineinbettung. J. f. Hirnforsch., **4**, 254 — 271 (1958). — 5. Heft, L., Die Reaktion der Zellen auf die bei der histologischen Fixation wirkenden Faktoren. Staatsexamensarbeit, Zool. Inst. d. Univ. Leipzig 1—82/I—IX (1951). — 6. John, K., Über die Konstanz der Schnittdicke beim Schneiden mit dem Mikrotom. Z.wiss. Mikr., **46**, 201—214 (1929). — 7. John, K., Über die Zuverlässigkeit der Ergebnisse bei Dickenmessungen unter dem Mikroskop. Z. wiss. Mikr., **46**, 395—399 (1929). — 8. Kraus, C., Die Paraffineinbettung des Gehirns. Mikrotom Nachrichten, Firmenzeitschrift der Firma R. Jung A. G., Heidelberg, Sonderheft 1, 1 — 19 (1960). — 9. Kraus, C., Veränderungen der Paraffinschnitte durch das Mikrotomieren und das nachfolgende Aufziehen. Ein Beitrag zur technischen Bearbeitung des Gehirns. J. f. Hirnforsch., **5**, 23—38 (1961). — 10. Kraus, W. M. and A. Weil, Human adult and embryo anterior horn cells. A comparison of form in relation to the concept of neurobiotaxis. Arch. Neurol. Psychiatr. (Chicago), **15**, 686—701 (1926). — 11. Leitz, E., Das Mikroskop und seine Anwendung. Wetzlar, 1—35 (1938). — 12. Lhermitte, J. and W. M. Kraus, On the form of the anterior horn cells. Anat. Rec., **31**, 123—129 (1925). — 13. Mikrotom Nachrichten, Firmenzeitschrift der Firma R. Jung A. G., Heidelberg, Heft 2, p. 19, (1958) und Heft 4, p. 62 und 77 (1960). — 14. Nissl, F., Der gegenwärtige Stand der Nervenzellanatomie und -pathologie. Allg. Zschr. Psychiat., **51**, 981 — 986 (1895). — 15. Nissl, F., zit. nach Romeis p. 396 (1948). — 16. Pischinger, A., 1926, zit. nach Ries u. Gersch, p. 16 (1936). — 17. Ries, E. und M. Gersch, Gibt das fixierte Präparat ein Äquivalentbild der lebenden Zelle? Z. Zellforsch., **25**, 14—33 (1936). — 18. Romeis, B., Mikroskopische Technik, p. 98, München: Leipniz (1948). — 19. Zeiger, K., 1935, zit. nach Ries u. Gersch, p. 20 (1936).

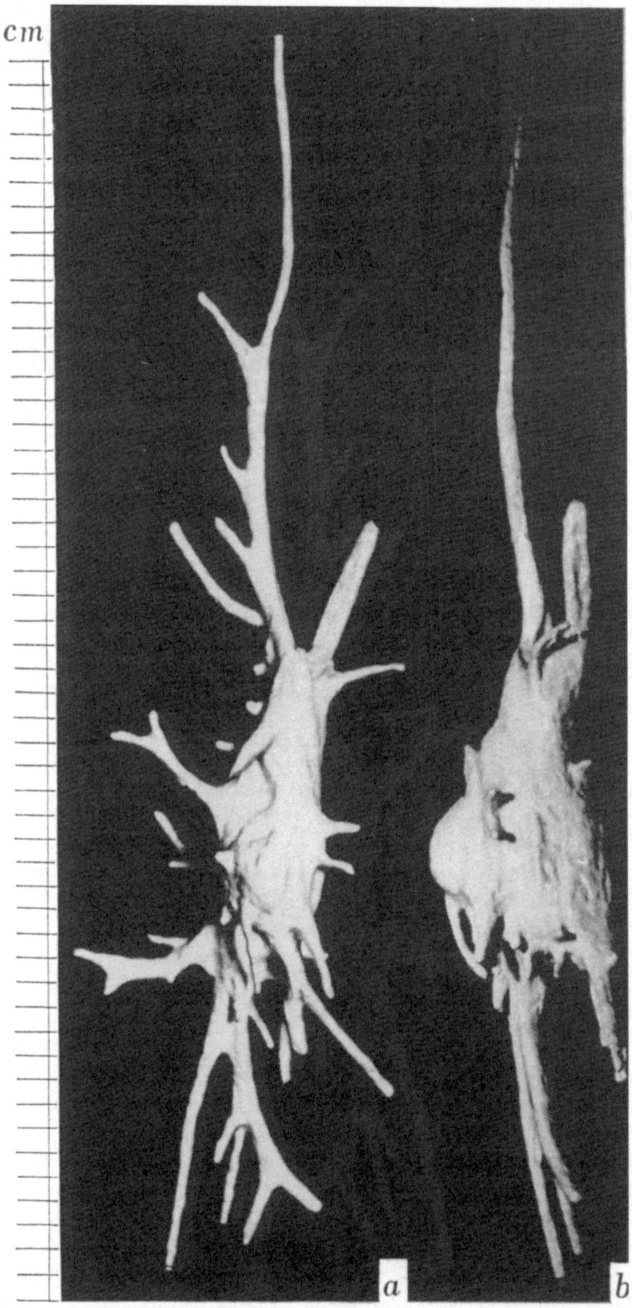

Abb. 1. Gabelzelle, a). Schmalseite b). Breitseite

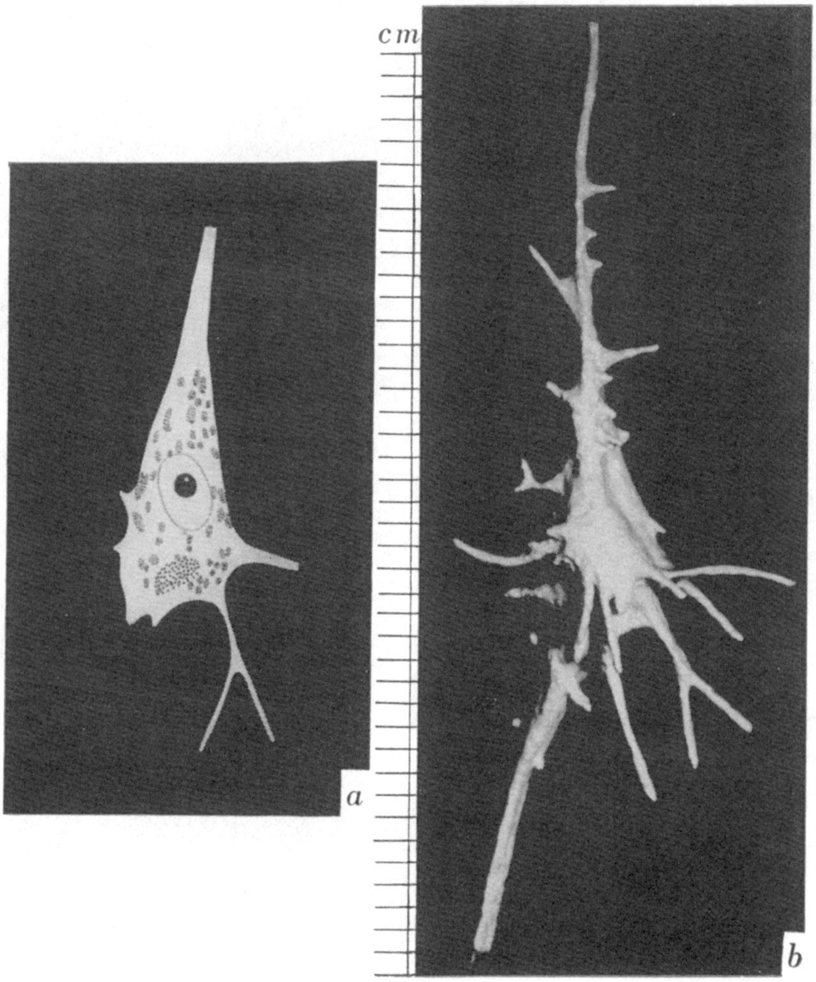

Abb. 2. a) pyramidenförmiges Schnittbild b) zugehöriges Zellmodell = Spindelzelle

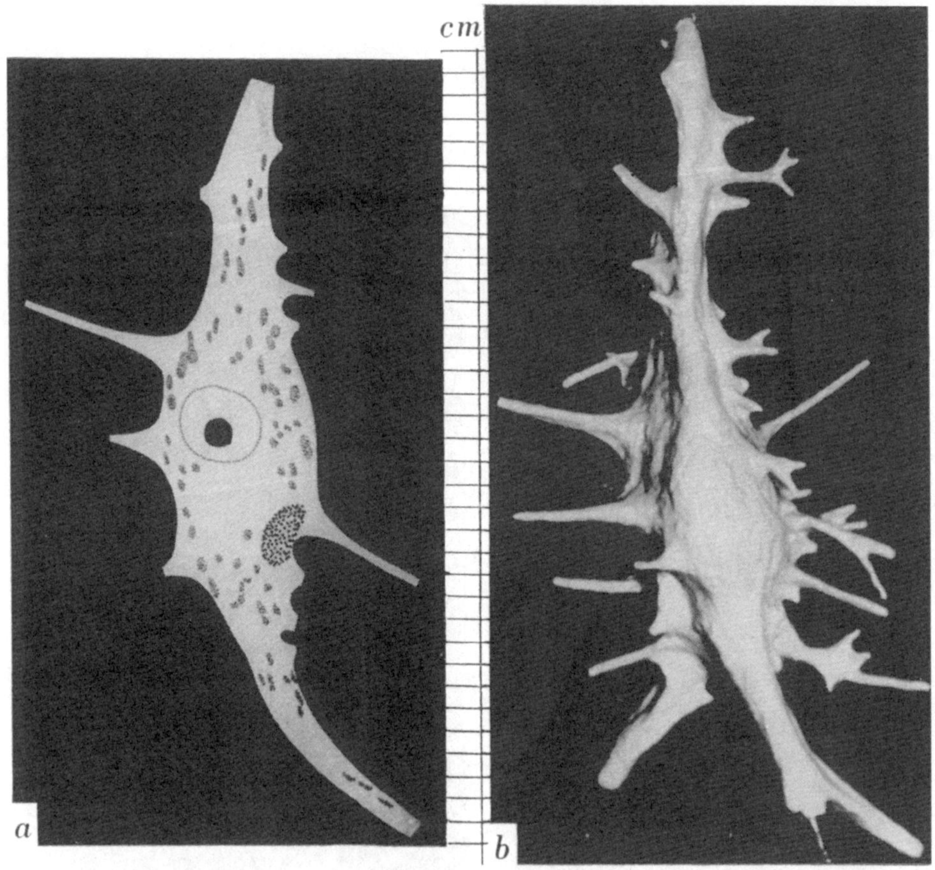

Abb. 3. a) spindelförmiges Schnittbild b) zugehöriges Zellmodell = Pyramidenzelle

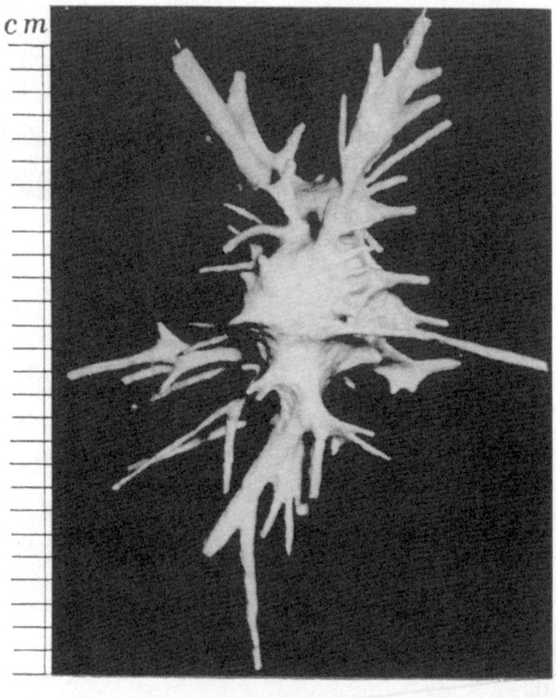

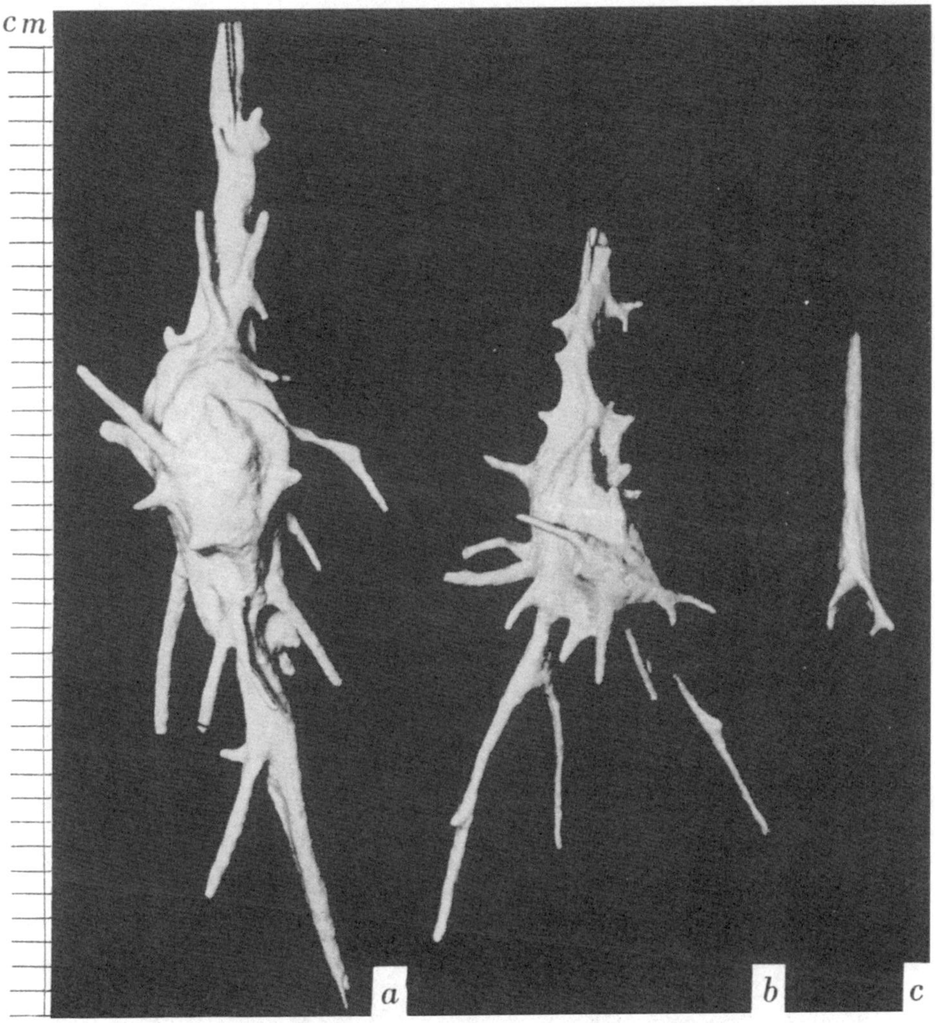

Abb. 4. Nervenzellen verschiedener Größe und Form

a) Spindelzelle b) kleinere Pyramidenzelle c) Palisadenzelle

Abb. 5. Gabelzelle mit zahlreichen Fortsätzen

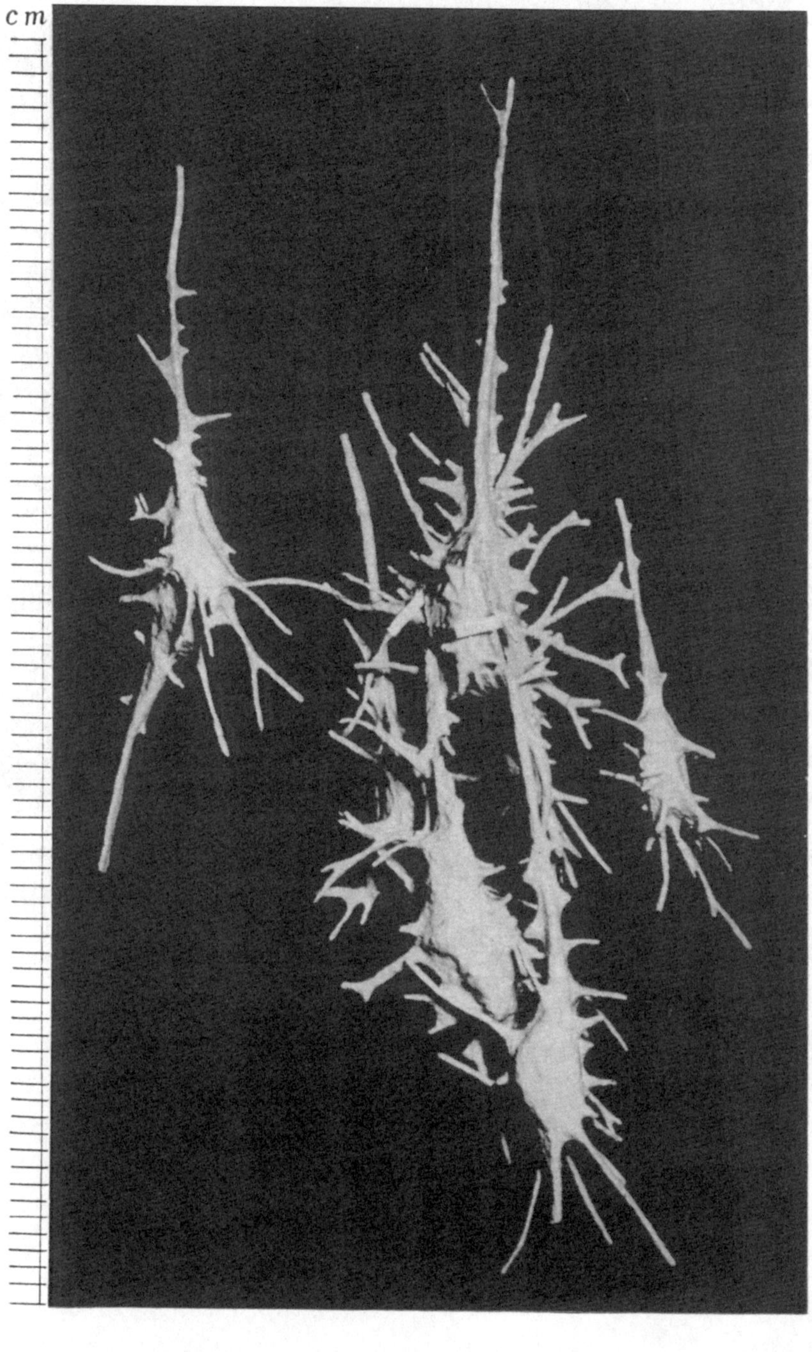

Abb. 6. Nervenzellhaufen in natürlicher Anordnung

Aus dem Institut für Hirnforschung und allgemeine Biologie, Neustadt (Schwarzwald)
(Leiter: Priv.-Doz. Dr. A. Hopf)

Veränderungen der Paraffinschnitte durch das Mikrotomieren und das nachfolgende Aufziehen

(Ein Beitrag zur technischen Bearbeitung des Gehirns)

Von

C. Kraus

eingegangen am 17. 1. 1961

Quantitative Untersuchungen, vergleichend-histologische Studien und Rekonstruktionen setzen immer ein einheitlich bearbeitetes, vergleichbares Material voraus. Die Gewinnung eines solchen Materials begegnet gewissen Schwierigkeiten. Man denke nur an die unterschiedlichen Gewichts- und Volumenschwankungen, die jedes Gehirn während der ganzen technischen Bearbeitung durchläuft. Auf diese Veränderungen des Gehirngewebes in den verschiedenen Medien haben schon zahlreiche Autoren aufmerksam gemacht; es sei hier u. a. erinnert an Flatau (1897), Rose (1928), Sarkissow (1930), Lagerlöf and Torgersruud (1934), Stephan (1951, 1960) und Bahr, Bloom and Friberg (1957). Viel weniger wurden dagegen die Umformungen der Paraffinschnitte beachtet, die durch das Mikrotomieren der in Paraffin eingebetteten Blöcke (Sarkissow, 1930, Heard, 1951, Olszewski, 1952, Stephan, 1960) und evtl. durch das darauffolgende Aufziehen der Schnitte entstehen können (Sarkissow, 1930). Die verschiedenen Messerschliffarten (**b, c, d**) wurden aber in diesen Arbeiten nicht berücksichtigt.

Man nimmt für gewöhnlich an, daß das Mikrotom die eingestellte und gewünschte μ-Dicke abhobelt. Die eingravierte μ-Dicke bezieht sich jedoch nur auf den mechanischen Hub des Mikrometerwerkes. Sie ist nicht für Veränderungen der Schnitte verantwortlich, die sich u. a. durch verschiedene Messerführung, Blockstellung und Messerschliffarten ergeben.

Folgende Faktoren, die auf die Schnitte formverändernd wirken, wurden in dieser Arbeit untersucht:

1. Veränderung der Schnitte durch die Messerschliffarten **b, c, d**:
   a) Längenverkürzung
   b) Breitenverschmälerung
   c) Flächenveränderung
   d) μ-Dickenschwankung

2. Veränderung durch die Messerneigung und -stellung
3. Veränderung durch die Blockstellung:
   a) Block in Längsachse zum Messer
   b) Block in Querachse zum Messer
4. Veränderung durch die Schnittdicke
5. Veränderung durch verschiedene Paraffinhärte
6. Veränderung durch das Aufziehen der Schnitte:
   a) Verschiedene Arten des Aufziehens
   b) Verschiedene Temperaturen beim Aufziehen der Schnitte (bei gleicher Paraffinhärte)
7. Weitere Faktoren, die einen Einfluß auf die Schnittqualität haben können.

Alle zum Versuch 1—4 verwerteten Schnitte wurden nach der gleichen Art aufgezogen.

Zu den Untersuchungen wurden drei in frontale Blöcke zerlegte Gehirne herangezogen. Dabei wurde darauf geachtet, daß der einzelne Block konstante Längen-, Breiten- und Dickenverhältnisse zeigte. Das Material wurde nach ein und demselben Modus in Paraffin mit einem Schmelzpunkt von 48—50° eingebettet (vgl. Kraus, 1960).

Alle Schnittwerte wurden am aufgezogenen Paraffinschnitt, die Blockwerte am in Paraffin eingebetteten Gehirnblock ermittelt. Die Längen- und Breitenwerte wurden mit Millimeterpapier abgemessen, die Flächenmaße planimetriert und die Schnittdicke mit der Mikrometerschraube des Mikroskops ermittelt.

Die jeweils aufgeführten Zahlenwerte der Schnitte sind immer in bezug zu dem in Paraffin eingebetteten Gewebeblock gesetzt.

Die Prozentzahlen wurden in ganze Zahlen auf- oder abgerundet, um ein übersichtlicheres Bild zu bekommen. Für die Ausrechnung der Koeffizienten dagegen wurden die ursprünglichen Zahlenwerte belassen, um die feinen Unterschiede zwischen den einzelnen Messerschliffarten hervorzuheben.

Folgende Koeffizienten wurden errechnet:

$$\text{Längenverkürzungskoeffizient} = \frac{\text{Länge des Blockes } l_B}{\text{Länge des Schnittes } l_S}$$

$$\text{Breitenverschmälerungskoeffizient} = \frac{\text{Breite des Blockes } b_B}{\text{Breite des Schnittes } b_S}$$

$$\text{Flächenveränderungskoeffizient} = \frac{\text{Fläche des Blockes } f_B}{\text{Fläche des Schnittes } f_S}$$

Die Mikrometerschraube des Mikrotoms war, soweit nichts anderes angegeben wird, auf 20 μ eingestellt.[1])

[1]) Für das Interesse an dieser Arbeit sei der Firma R. Jung, A. G., Heidelberg und ihrem wissenschaftlichen Mitarbeiter Herrn Dr. H. Kirchberg gedankt.

Die Versuche wurden mit dem Mikrotom Tetrander I der Firma R. Jung, A. G., durchgeführt.

Ein Mikrotommesser „schneidet“ nicht im strenggenommenen Sinn, sondern wirkt wie ein Keil, der ins Objekt eindringt und die Schnitte vom Block „absprengt“. Man spricht daher von einer Keilwirkung der Mikrotommesser. Durch diese Wirkung erklärt sich auch die Formveränderung und Stauchung der Schnitte, die beim Mikrotomieren der Paraffinblöcke nicht zu umgehen ist. Selbst durch das nachfolgende Aufziehen und Strecken der Schnitte können diese Veränderungen nicht mehr rückgängig gemacht werden. Auch bei unseren Versuchen zeigte sich, daß die größte Stauchung der Schnitte immer in der Schnittrichtung des Messers liegt. Sie beträgt nach I. u. N. Popoff (1929) 4, 4, nach Sarkissow (1930) 4,27. Die Autoren geben nicht an, auf was für einen Messerschliff sich diese Werte beziehen; wir vermuten jedoch, daß es sich um den c-Schliff handelt. Unsere eigenen Werte variieren je nach Messerschliffart.

Die Formveränderung und Stauchung der Schnitte äußert sich immer in einer

Längenverkürzung
Breitenverschmälerung
Flächenverminderung und
Schnittdickenzunahme.

Was sich beim Stauchungsprozeß zusammenschiebt, können wir noch nicht sagen. Es steht noch offen, ob der ganze Gewebeverband gleichmäßig komprimiert wird oder ob ein Gewebeanteil mehr und der andere weniger in Mitleidenschaft gezogen wird.

1 a. Längenverkürzung

Besonders auffällig ist bei den einzelnen Messerschliffarten die Längenverkürzung der Schnitte (**Abb. 1**).

Bei den Versuchsblöcken Rab 82 l_3 und Rab 82 l_2 (vgl. **Abb. 1** u. **2**) handelt es sich um planparallele Frontalscheiben einer Hemisphäre. Bei Rab 107 l_3 wurden die Frontalscheiben in eine rechteckige Form zugeschnitten und dadurch erheblich verkleinert.

Tabelle 1

Gehirn	Längenverkürzung der Schnitte bei Messerschliff[1]					
	c		b		d	
	∢ 0	∢ 5	∢ 0	∢ 5	∢ 0	∢ 5
Rab 82 l_2	10%				20%	
Rab 82 l_3	11%		15%		21%	
Rab 107 l_3	4%	4%	4%	6%	10%	14%

[1]) Bei Längsstellung des Blockes und quergestelltem Messer.

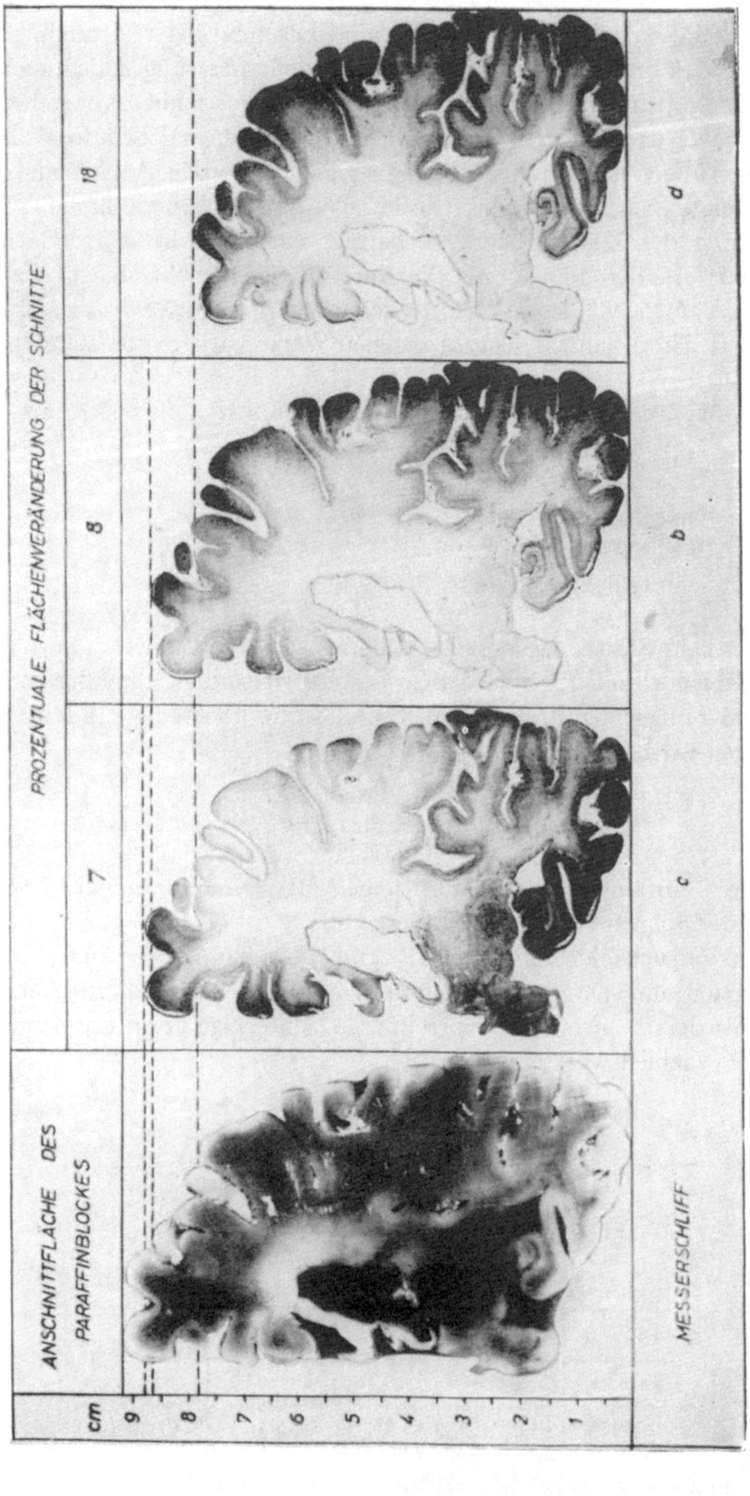

Abb. 1. Verkürzung der Schnitte durch Messerschliff c, b, d und Angabe der prozentualen Flächenveränderung der Schnitte (**Rab 82 l_3**)

Wie aus **Tabelle 1** und 2 zu ersehen ist, zeigt das Messer mit Schliff d die größte, das c-Schliff-Messer die geringste Längenverkürzung, während die Werte beim b-Schliff dazwischen liegen. Die stark abweichenden Werte von Rab 82 l_2 und l_3 gegenüber Rab 107 l_3 sind auf die unterschiedliche Blockgröße zurückzuführen. Wir hatten den Block Rab 107 l_3 nämlich nochmals geteilt und erhielten dadurch eine Verringerung der prozentualen Längenverkürzung.

Tabelle 2

Gehirn	Längenverkürzungskoeffizient Messerschliff					
	c		b		d	
	∢ 0	∢ 5	∢ 0	∢ 5	∢ 0	∢ 5
Rab 82 l_2	1,10				1,26	
Rab 82 l_3	1,13		1,18		1,28	
Rab 107 l_3	1,04	1,04	1,04	1,06	1,12	1,16

1 b. Breitenverschmälerung

Man könnte zunächst annehmen, daß die Stauchung in der Längsrichtung zu einer Dehnung in der Breite führt. I. u. N. Popoff (1929) hatten eine Ausdehnung in die Breite (also in der zum Messer parallelen Richtung) von 3,3%, Stephan (1960) von 0,7—2,4% (bei Bouin-Fixierung) festgestellt. Diese Ausbreitung ließ sich weder von Sarkissow (1930) noch von uns bestätigen. In keinem Fall hatten wir eine Verbreiterung der Schnitte zu verzeichnen. Auch der mikrotomierte Schnitt kann eine Verschmälerung zeigen, die je nach Block und Messerschliffart verschieden sein kann. Diese Differenz wirkt sich dann in der Schnittdicke aus, d. h. wird ein Schnitt in der Breite sehr gestaucht, so nimmt die Schnittdicke entsprechend zu. Diese Beziehung läßt sich nicht auf die Längenstauchung übertragen, während sie bei der Flächenveränderung recht deutlich zum Ausdruck kommt (vgl. **Tab. 5** u. **6**).

Tabelle 3

Gehirn	Breitenverschmälerung der Schnitte bei Messerschliff[1]					
	c		b		d	
	∢ 0	∢ 5	∢ 0	∢ 5	∢ 0	∢ 5
Rab 82 l_2	15%				12%	
Rab 82 l_3	0%		0%		0%	
Rab 107 l_3	3%	3%	0%	3%	0%	0%

[1]) Bei Längsstellung des Blockes und quergestelltem Messer.

Im Vergleich zur Längenverkürzung ist die Breitenverschmälerung der Schnitte sehr gering. Sie schwankt zwischen 0 und 3% (vgl. **Tab. 3** u. **4**). Trotz der sehr starken Längenstauchung beim **d**-Schliff ist hier die Breitenverschmälerung geringer als beim **c**-Schliff, während der Schnitt sich dafür aber in die Dicke ausdehnt.

Die sehr große Breitenverschmälerung von **Rab 82 l_2** können wir uns nicht erklären. Aus ihr resultiert auch eine entsprechend große Flächenveränderung.

Tabelle 4

Gehirn	Breitenverschmälerungskoeffizient Messerschliff					
	c		b		d	
	∢ 0	∢ 5	∢ 0	∢ 5	∢ 0	∢ 5
Rab 82 l_2	1,18				1,15	
Rab 82 l_3	1,00		1,00		1,00	
Rab 107 l_3	1,03	1,03	1,00	1,03	1,00	1,00

1 c und 1 d. Flächenveränderung und Dickenschwankung der Schnitte

Durch das Mikrotomieren kann die Fläche der Schnitte in ihrem Ausmaß (**Abb. 1**) und in ihrer Form erheblich verändert werden (**Abb. 2**). Die Flächenveränderung drückt sich in einer Verkleinerung der Fläche aus. Sie ist von der Längs- und Breitenstauchung der Schnitte und der daraus resultierenden Schnittdicke abhängig, d. h. je größer die Flächenverringerung eines mikrotomierten Schnittes, desto dicker die μ-Stärke. Wovon diese Flächenverschiebung letztlich abhängig ist, können wir nicht sagen. Jedenfalls spielt ein unterschiedlicher Gewebsaufbau nach unseren Beobachtungen keine große Rolle. Wir hatten zwei fast gleich große Blöcke. Der eine war sehr reich an weißer Substanz (Mark), der andere an Rinde. Die Ausmessungswerte der Schnitte beider Blöcke zeigten keine Unterschiede.

Das Verhältnis von Blocklänge zu Breite ist ohne Einfluß.

Tabelle 5

Gehirn	Flächenverminderung der Schnitte bei Messerschliff [1]					
	c		b		d	
	∢ 0	∢ 5	∢ 0	∢ 5	∢ 0	∢ 5
Rab 82 l_2	24%				28%	
Rab 82 l_3	7%		8%		18%	
Rab 107 l_3	6%	8%	6%	9%	10%	14%

[1]) Bei Längsstellung des Blockes und quergestelltem Messer.

Bei den Flächenveränderungen zeigt sich wieder, daß das **c**-Schliff-Messer die geringste Veränderung bedingt (vgl. **Tab. 5** u. **6**).

Wie aus den Prozentzahlen und den Koeffizienten der **Tabelle 1—6** (Faktor 1) und aus den noch zu beschreibenden Faktoren 2—7 zu ersehen ist, lassen sich für die Schnittveränderungen durch das Mikrotomieren keine allgemein gültigen Werte, seien es Schrumpfungskoeffizienten (Sarkissow, 1930) oder Korrekturfaktoren (Stephan, 1960) aufstellen. Die Werte müssen für die einzelnen Blöcke jeweils erneut errechnet werden.

Bei allen Versuchen bewirkt die Messerschliffart **c** die geringsten Veränderungen, wogegen der d-Schliff zu der größten Abweichung von der ursprünglichen Blockgröße führt.

Tabelle 6

Gehirn	Flächenveränderungskoeffizient Messerschliff					
	c		b		d	
	∢ 0	∢ 5	∢ 0	∢ 5	∢ 0	∢ 5
Rab 82 l_2	1,32				1,39	
Rab 82 l_3	1,08		1,09		1,22	
Rab 107 l_3	1,07	1,08	1,07	1,10	1,11	1,16

2. Veränderung der Schnitte durch die Messerneigung und -stellung

Der Neigungswinkel der Messer hat ebenfalls einen Einfluß auf die Formveränderung der Schnitte. Je größer der Neigungswinkel, desto stärker die Veränderung (vgl. **Tab. 1—6**).

Die Schrägstellung der Messer, wie sie oft beim Celloidinschneiden gebraucht wird, bewirkt eine noch größere Verkürzung der Schnitte als die Querstellung.

Früher (vgl. John, 1929) unterschied man je nach der Quer- oder Schrägstellung des Mikrotommessers zwischen einer „hobelnden" bzw. „ziehenden" Wirkung. Nach John sollte zur Erzielung einer wirklichen „ziehenden" Wirkung dem Messer eine doppelte Bewegung verliehen werden, eine, die gerade auf das Objekt führt und im Sinne eines Keiles trennend wirkt und eine zweite, die parallel zur Messerscheide verläuft (die eigentlich schneidende, „ziehende" Wirkung). Diese zwei Bewegungen sah er in einem rotierenden, kreisförmigen Messer verwirklicht.[1])

3a und b. Veränderung der Schnitte durch die Blockstellung

Je nachdem, ob man den Block längs oder quer zur Schnittrichtung stellt, kann man eine recht differente Formveränderung der Schnitte bekom-

[1]) Eine kritische Bemerkung zur Arbeit von John siehe Kisser (1929).

men (**Abb. 2**). Läßt man dies unberücksichtigt, so kann das natürlich zu vielen falschen Ergebnissen und Anschauungen führen (z. B. bei vergleichenden Messungen an Hirnregionen und bei Rekonstruktionen).

Soll man nun den Block längs oder quer zur Schnittrichtung orientieren? Bei einem Gewebeblock mit gleichseitiger Kantenlänge erübrigt sich diese Frage. Hat der eingebettete Gewebeblock dagegen eine verschieden große Kantenlänge — wie dies ja meist der Fall ist —, so stellt man den Block in Querstellung zum Messer, wenn man die Stauchung des Blockes auf das geringste Maß beschränken will. Soll dagegen die Breitenverschmälerung am kleinsten sein, muß eine Längsstellung des Blockes erfolgen.

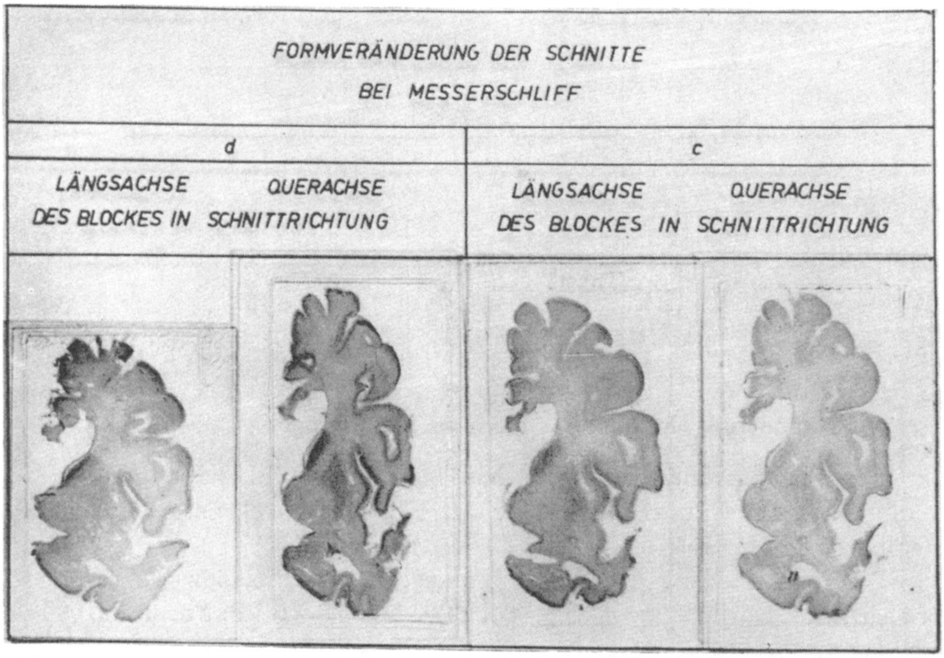

Abb. 2. Änderung der Schnittform durch verschiedene Blockstellung (**Rab 82** l_2)

Hier zeigt es sich wieder deutlich, daß die größte Stauchung der Schnitte in der jeweiligen Schnittrichtung, also in der zum Messer senkrechten Richtung liegt (vgl. auch Sarkissow, 1930).

Berücksichtigt man die gesamte Flächenveränderung der Schnitte, so kann man generell sagen, daß sowohl bei Längs- als auch bei Querstellung des Blockes wiederum das c-Messer die geringste Flächenverminderung erzielt.

4. Veränderung durch die Schnittdicke

Wie bereits erwähnt, ist jeder mikrotomierte Schnitt dem Block gegenüber um einen gewissen Prozentsatz gestaucht. Diese Stauchung ergibt zwangsläufig eine allgemeine Form- und Dickenveränderung der Schnitte, die um so größer ist, je dünner geschnitten wird, d. h. je geringer die Schnittdicke, um so größer die Stauchung und Abweichung (in Form einer Zunahme der Schnittdicke) von dem am Mikrotom eingestellten und gewünschten μ-Wert. Entgegen unseren Versuchen nimmt Stephan (1960) die Verformungen, die durch das Mikrotomieren entstehen, bei Gehirnen von unterschiedlicher Größe und bei verschiedener Schnittdicke als recht einheitlich an. John (1929) hat schon bei der Überprüfung der Schnittdickenkonstanz festgestellt, daß die am Mikrotom eingestellte μ-Stärke nie genau eingehalten wird und die wahre Schnittdicke in der Regel größer ist als die theoretisch erwartete. Aus unseren Versuchen ließ sich entnehmen, daß dies mit der Stauchung und Formveränderung der Schnitte zusammenhängt, die sich durch die Wirkung der Mikrotommesser ergibt. Dabei kann der mechanische Hub des Mikrotoms durchaus präzis arbeiten, d. h. das Mikrometerwerk kann den Block nach jedem Schnitt z. B. um 3 μ konstant heben, und doch ergeben sich differente Werte durch die Wirkung der Messer. Nach Angaben von Gihr (1961) ist ein 2-μ-Schnitt z. B. um ca. 10% mehr gestaucht als ein 3-μ-Schnitt, ein 1-μ-Schnitt einem 2-μ-Schnitt gegenüber sogar um 20%. Es zeigt sich also, daß man bei Angaben von Schnittdicken sehr vorsichtig sein muß.

Es seien hier nur noch einige Methoden angeführt, mit denen man die μ-Dicke der Schnitte bestimmen kann. John (1929) mißt die Schnittdicke mit dem Optimeter von Zeiß. Bahr (1955) gibt zwei Methoden an, die zur Überprüfung der Schnittdickenkonstanz von Paraffinschnitten angewendet werden kann. Die Reproduzierbarkeit der Schnittdicke von Schnitt zu Schnitt überprüft er durch Wiegen der routinemäßig gewonnenen Schnitte. Die individuellen Dickeninhomogenitäten eines Schnittes beurteilt er durch Ausmessen der Eindrucksöffnung einer in den Schnitt gedrückten Diamantpyramide und direktes Ablesen der relativen Dickeninhomogenität aus den Werten. Das Wiegen der Schnitte ist sehr zeitraubend und mühevoll. Man gewinnt dadurch Angaben, die wohl allgemein über eine Veränderung der Schnitte Auskunft geben, die tatsächlich Formveränderung aber nicht erfassen. Eine sehr einfache und für den Routinebetrieb empfehlenswerte Methode wurde in den Mikrotomnachrichten Heft 2, Okt. 1958 beschrieben. Zum Nachweis der Schnittdickenkonstanz wurde hier die Längsstauchung der Schnitte herangezogen. Auch das Interferenzmikroskop wird zur Überprüfung der Schnittdicke herangezogen.

5. Veränderung der Schnitte durch die Paraffinhärte

Unsere Versuche konnten bestätigen, daß die Paraffinhärte einen Einfluß auf die Formveränderung der Schnitte ausübt. Gewebe wird in weichem Paraffin mehr zusammengeschoben als in hartem. Selbst bei gleicher Paraffinhärte können starke jahreszeitliche Temperaturschwankungen oder Veränderungen der Zimmertemperatur von Einfluß sein. Man denke auch an das übliche Auflegen von Eiswürfeln, was zu einer „Härtung" des Paraffins führt, so daß es sich dann weniger zusammenschiebt. Das häufig gehandhabte Überstreichen und Anhauchen des Paraffinblockes bewirkt ebenfalls eine andere Konsistenz des Paraffins. Schon Heidenhain (1916) wies darauf hin. Er erklärt es so, daß durch das Abziehen der Paraffinschnitte am Block immer frische Oberflächen entstehen, die sehr adsorptionsfähig sind. Haucht man die Schnittfläche auch nur leicht an, so verliert sie ihren frischen Glanz, da sie sich mit einer aus Bestandteilen der Atemluft kondensierten Schicht bedeckt. Diese verleiht dem Schnitt eine bessere Haltbarkeit.

Es bleibt abzuwarten, ob sich evtl. durch eines der neuerdings in der histologischen Technik angewandten Einbettungsmittel[1]) (z. B. Methacrylsäure-Ester) ein Medium ergibt, das äußeren Einfluß weniger unterworfen ist und bei der Einbettung und während des Mikrotomierens zu geringeren Formveränderungen führt als die bisher üblichen (z. B. Celloidin, Gelatine, Paraffin u. a.).

6. Veränderung durch das Aufziehen der Schnitte

a) Es gibt verschiedene Methoden, Paraffinschnitte aufzuziehen. Nach der bei uns üblichen Technik wird der Schnitt auf warmem Wasser gestreckt und dann auf einen Objektträger aufgefangen. Nun kann man z. B. auch direkt den Schnitt auf einen mit Eiweißglyzerin bestrichenen Objektträger bringen und dann erst warmes bzw. kaltes Wasser dazugeben. Die Streckung des Schnittes erfolgt anschließend auf einer Wärmeplatte. Wir haben mehrere Schnitte nach den oben beschriebenen Verfahren behandelt und beim Ausmessen keinen Unterschied in der Schnittgröße feststellen können.

Die auf Wasser gestreckten und auf den Objektträger gelegten Schnitte können nun (wie es bei uns auch üblich ist) mit einem Pergamentpapier fest dem Objektträger angedrückt werden. Gleichzeitig wird so das restliche Wasser unter dem Schnitt herausgepreßt. Anschließend wird der Schnitt „trocken gepinselt“. Sarkissow (1930) stellte fest, daß er die geringste Veränderung des Schnittes bekommt, wenn er senkrecht zum Messerrand (also in Richtung des Schneidens) pinselt. Sie wird größer, wenn er nach allen Richtungen pinselt, steigert sich bei einem zum Messerrand parallelen Pinseln und ist am größten, wenn er nicht pinselt, sondern nur mit Pergamentpapier glättet. Er empfiehlt deshalb ein Pinseln der Schnitte in Richtung des Schneidens.

Wir haben die Sarkissowschen Versuche wiederholt und z. T. durch eigene ergänzt (vgl. **Tab. 7**). Dabei konnten wir — entgegen Sarkissow — bei den verschiedenen Methoden keine markanten Unterschiede feststellen.

b) Gibt es beim Aufziehen durch verschiedene Wassertemperaturen Formveränderungen der Schnitte?

Die Schnitte waren alle in Paraffin mit einem Schmelzpunkt von 48—50°C eingebettet und bei verschiedenen Wassertemperaturen aufgezogen worden (vgl. **Tab. 8**). Wie aus **Tabelle 8** zu ersehen ist, braucht man der Schwankung um einige Temperaturgrade keine allzu große Bedeutung beimessen.

---

[1]) Eine kurze übersichtliche Zusammenfassung dieser Einbettungsmittel siehe Mikrotom-Nachrichten, Heft 4, April 1960.

Tabelle 7. Veränderungen der Schnitte durch das Aufziehen

Mit und ohne Pergamentpapier	Pinseln	Unterschied in der Ausdehnung der Schnitte	Versuche
mit	in allen Richtungen	nicht signifikant	eigene
ohne	ohne	nicht signifikant	eigene
mit	ohne	+	Sarkissow
mit	ohne	nicht signifikant	eigene
ohne	in allen Richtungen	+++	Sarkissow
ohne	in allen Richtungen	nicht signifikant	eigene
ohne	parallel zum Messer	++	Sarkissow
mit	parallel zum Messer	nicht signifikant	eigene
ohne	senkrecht zum Messer	++++	Sarkissow
mit	senkrecht zum Messer	nicht signifikant	eigene

Tabelle 8. Ausdehnung der Schnitte bei verschiedenen Wassertemperaturen

Nr.	Temperatur in °C	Strecken und Ausdehnung der Schnitte	Zustand des Paraffins und des Gewebes
1	7— 8	Schnitte ließen sich nicht strecken (Falten)	gut
2	17—18	Schnitte ließen sich nicht strecken (Falten)	,,
3	27—28	Schnitte ließen sich ± strecken	,,
4	37—38	Strecken der Schnitte sehr gut	,,
5	47—48	Ausdehnung annähernd konstant	,,
6.	57—58	d. h. kleine individuelle Größenschwankungen kann es schon innerhalb eines Temperaturgrades geben, sind also nicht von den hier angegebenen verschiedenen Temperaturhöhen abhängig	Paraffin fing an zu schmelzen, Gewebe intakt
7	67—68		,,
8	77—78		Paraffin geschmolzen, Gewebe intakt
9	87—88		,,
10	97—98		,,

Bei den Temperaturen von Nr. 6—10 (**Tab. 8**), die höher lagen als der Schmelzpunkt des Paraffins, kam es zum Schmelzen desselben. Der Schnitt wurde dadurch in seiner Größe nicht beeinträchtigt. Auch der Gewebeverband blieb intakt, wie es das mikroskopische Bild eines mit Cresylechtviolett gefärbten Schnittes zeigte. Die Temperatur darf jedoch nicht unbeschränkt hoch eingestellt werden, da bei einem gewissen Schwellenwert der Gewebeverband schließlich doch auseinandergetrieben wird.

Es hat sich als sehr vorteilhaft erwiesen, eine Temperatur zu wählen, die etwa 10°C unter dem Schmelzpunkt der gewählten Paraffinhärte liegt.

Der Vorwurf, der immer wieder gegen Paraffinschnitte vorgebracht wird, man könnte beim Aufziehen nach jeder Richtung strecken, ist also nur dann berechtigt, wenn man eine dem Schmelzpunkt des Paraffins nicht geeignete Temperatur wählt. Dabei soll allerdings nicht gesagt sein, daß geringe Unterschiede, die selbst bei ein und demselben Temperaturgrad auftreten können, ganz ausgeschlossen werden können. Mit solchen Differenzen ist immer zu rechnen. Man kann sie jedoch bei einer sachgemäßen Behandlung auf ein Minimum beschränken.

Der an das Aufziehen der Schnitte sich anschließende Färbeprozeß wirkt nicht mehr im Sinne einer Formveränderung.

7. Weitere Faktoren, die einen Einfluß auf die Schnittqualität haben können

Nur ein gutes Mikrotom liefert einwandfreie Schnitte. Aber nicht alle Faktoren, durch die schlechte Schnitte verursacht werden, dürfen auf das Mikrotom schlechthin zurückgeführt werden. Die Güte der Schnitte ist vielfach abhängig von der Geschicklichkeit des Mikrotechnikers. Das Instrument muß — um nur einige Faktoren zu erwähnen — täglich frisch geölt werden, der zu schneidende Block ist genau auf dem Mikrotom zu orientieren, die Orientierungsschrauben und die Mikrometerschraube (zur genauen μ-Einstellung) sind ordnungsgemäß anzuziehen und immer wieder nachzuprüfen. Es kann nämlich vorkommen (besonders bei Serienschnitten), daß sich durch das fortlaufende und rasche Schneiden die Schraube für die μ-Einstellung lockert und der eingestellte μ-Wert sich verschiebt. Dies führt dann zur Dickenschwankung der Schnitte.

Eine Inhomogenität der Schnittdicke, die „Wellenbildung", kann u. a. auch durch folgende Faktoren bedingt sein: das Objekt ist unsachgemäß eingebettet worden oder sehr inhomogen, das Messer in den Messerhaltern des Mikrotoms nicht recht befestigt. Vielleicht wurde auch ein falscher Messerschliff oder Neigungswinkel gewählt. Manchmal jedoch können aus unerklärlichen Gründen „Wellenbildungen" auftreten, die sich bei mikroskopischer Betrachtung der Schnitte sehr ungünstig auswirken. Man schneidet in diesem Fall so lange sehr dünne Schnitte, bis die „Wellen" der Schnittoberfläche verschwunden sind und fährt dann mit der gewünschten μ-Dicke fort.

Besonders bei Rekonstruktionen ist zu berücksichtigen, daß man bei einer bestimmten Blockgröße und gegebenen Schnittdicke nicht die zu erwartende

Schnittzahl bekommt, d. h. man kann aus einer gewissen Schnittzahl nicht unbedingt auf die Größe des Blockes schließen. Hat man z. B. einen Block von 2,5 cm Höhe, stellt die Schnittdicke auf 20 μ ein, so erwartet man eine Zahl von 1250 Schnitten. In Wirklichkeit ergeben sich aber nur 1200. Sarkissow (1930) erwähnte schon, daß jeder 20-μ dicke Schnitt mit 22,13 μ zu berechnen sei. Bei unseren Versuchen zeigte sich dementsprechend, daß der 20-μ-Schnitt als 20,83 μ dick anzusehen ist. Der Block wurde ohne Unterbrechung durchgeschnitten.

Es bleibt hier natürlich die Frage offen, warum man die erwartete Schnittzahl nicht bekommt. Drückt evtl. das Messer so stark auf den Block, daß dadurch die Schnittdicke beeinflußt wird? Sarkissow spricht hier geradezu von einem Schnittverlust, der „durch Drücken oder Kratzen oder infolge dieser beiden Prozesse entsteht". Nach unserer Meinung handelt es sich aber nicht um einen Schnittverlust im Sinne eines Materialverlustes. Viel naheliegender ist es anzunehmen, daß sich dieser „Schnittverlust" in der Inkonstanz der Schnittdicke widerspiegelt.

Zusammenfassung

Durch das Mikrotomieren werden im Vergleich zu dem in Paraffin eingebetteten Gewebeblock Formveränderungen der Schnitte hervorgerufen. Diese Umformungen zeigen sich in einer:

Längenverkürzung	Flächenverminderung und
Breitenverschmälerung	Schnittdickenzunahme.

Für viele Untersuchungen sind diese Veränderungen nicht von Bedeutung. Sie dürfen aber für vergleichende Studien, Ausmessungen, Rekonstruktionen u. dgl. nicht außer acht gelassen werden, da sich sonst ein falsches Bild ergibt.

Die zu schneidenden Gehirnblöcke waren in Paraffin mit Schmelzpunkt von 48—50°C eingebettet.

Die Mikrometerschraube des Mikrotoms war, soweit nichts anderes angegeben wird, auf 20 μ eingestellt.

Sehr viele Faktoren rufen diese Veränderungen hervor. Einige davon wurden in dieser Arbeit näher untersucht.

1. Veränderungen der Schnitte durch Messerschliff b, c, d.

a) Längenverkürzung

Messerschliff-d verkürzt doppelt so stark wie Schliff-c, die Werte vom b-Messer liegen dazwischen.

b) Breitenverschmälerung

Obwohl sich die Schnitte beim Mikrotomieren zusammenschieben, kommt es zu keiner Verbreiterung. Dafür kann sich eine Breitenverschmälerung zeigen:

größte Breitenverschmälerung	c-Schliff
dazwischen	b-Schliff
kleinste Breitenverschmälerung	d-Schliff

c) Flächenveränderung

Sie drückt sich aus in einer Formveränderung und Flächenverringerung der Schnitte:

größte Flächenveränderung	d-Schliff
dazwischen	b-Schliff
kleinste Flächenveränderung	c-Schliff

d) Je größer die Flächenveränderung, desto stärker die μ-Dickenzunahme der Schnitte (unabhängig vom Mikrometerwerk des Mikrotoms):

größte Dickenzunahme	d-Schliff
dazwischen	b-Schliff
kleinste Dickenzunahme	c-Schliff

Es kann allgemein gesagt werden, daß das c-Schliff-Messer die geringste Veränderung der Schnittflächengröße ergibt.

2. Veränderung der Schnitte durch die Messerneigung und -stellung.

Je größer der Neigungswinkel, desto stärker die Veränderung. Die Schrägstellung der Messer erzielt eine noch größere Veränderung als die Querstellung.

3. Veränderung der Schnitte durch die Blockstellung.

Man stellt den Block in Querstellung zum Messer, wenn man Stauchung des Blockes in Richtung der Längskante auf das geringste Maß beschränken will. Soll dagegen die Breitenverschmälerung am kleinsten sein, muß eine Längsstellung des Blockes erfolgen. Beim Schneiden eines Blockes sollte man sich aber auf eine Blockstellung einigen und später keine Lageveränderung (in Längs- und Querstellung) mehr vornehmen.

Man kann allgemein sagen, daß die größte Veränderung der Schnitte in der Richtung des Schneidens liegt.

4. Veränderung der Schnitte durch die μ-Stärke.

Je dünner geschnitten wird, desto größer die Formveränderung der Schnitte und damit zusammenhängend die Abweichung (in Form einer Zunahme der Schnittdicke) von dem am Mikrotom eingestellten μ-Wert. Vorsicht bei genauer μ-Angabe!

5. Veränderung der Schnitte durch die Paraffinhärte.

Es ließ sich wiederum bestätigen, daß die Paraffinhärte einen Einfluß auf die Formveränderung der Schnitte hat. Gewebe in weichem Paraffin wird mehr zusammengeschoben als in hartem.

6. Veränderung der Schnitte durch das Aufziehen.

Die Schnitte wurden nach verschiedenen Methoden und bei unterschiedlichen Wassertemperaturen aufgezogen. Dabei zeigte es sich wieder, daß der Schwankung einiger Temperaturgrade keine allzu große Bedeutung zugemessen werden braucht. Ein sachgemäßes Aufziehen innerhalb eines, dem Schmelzpunkt des Paraffins entsprechenden Temperaturbereichs, wirkt nicht formverändernd auf die Schnitte. Es wird eine Temperatur empfohlen, die etwa 10°C unter dem Schmelzpunkt der gewählten Paraffinhärte liegt.

Der an das Aufziehen sich anschließende Färbeprozeß wirkt nicht im Sinne einer Formveränderung.

7. Man kann aus einer gewissen Schnittzahl und einer gegebenen Schnittdicke nicht unbedingt auf die Größe des Blockes schließen. Bei einer Blockhöhe von 2,5 cm und einer Schnittdicke von 20 μ erwartet man z. B. 1250 Schnitte. Es ergeben sich aber nur 1200. Wahrscheinlich ist dieser Schnittverlust auf die Inkonstanz der Dicke einzelner Schnitte zurückzuführen.

8. Allgemein gültige Zahlenwerte, seien es Prozentzahlen oder Koeffizienten, lassen sich, wie aus **Tab. 1—6** und aus den aufgezählten Faktoren 1—7 zu ersehen ist, für die Formveränderung der Schnitte durch das Mikrotomieren nicht aufstellen. Sie müssen jeweils erneut errechnet werden.

Summary

This paper deals with deformations of the sections caused by the use of a microtome. Each section suffers a certain distortion compared with the object embedded in paraffin. This deformation depends on different factors. They are important e. g. for comparative and quantitative studies, reconstructions etc. If they are not taken into account a wrong picture will result. The main factors are:

1. distortion of the sections caused by different knife profiles of the types b, c, d. Each type of knife causes a different shortening and thickening of the sections,
2. distortion by different inclination and position of knife,
3. distortion by different position of the object embedded in paraffin,
4. distortion by different thickness of the sections,
5. distortion by different consistency of paraffin,
6. distortion by different mounting of the sections.
7. It is not possible to calculate accurately the size of the embedded object only from the number of sections and their thickness. For example from a block of paraffin with a diameter of 2,5 cm 1250 sections of 20 μ may be expected but only 1200 are obtained. This is probably due to an irregularity in the thickness of some of the sections.
8. We cannot give common available dates for the distortion of tissue during sectioning. They had to be calculated for each new paraffin block to be sectioned.

Literaturverzeichnis

1. Bahr, G. F., Die Beurteilung der Schnittqualität von Paraffinschnitten. Als Hilfsmethode bei der Vorbereitung histologischen Materials für mikrospektrographische Untersuchungen. Mikroskopie **10**, 13—18 (1955/56). — 2. Bahr, G. F., Bloom, G. and Friberg, U., Volume changes of tissues in physiological fluids during the fixation in Osmium tetroxide or formaldehyde and during subsequent treatment. Exp. Cell. Res. **12**,

342—355 (1957). — 3. Flatau, E., Beitrag zur technischen Bearbeitung des Zentralnervensystems. Anat. Anz. **13**, 323—331 (1897). — 4. Gihr, M., Methode zur Rekonstruktion von Nervenzellen (auf der Basis des Nissl-Äquivalentbildes). J. Hirnforsch. **5**, 7—22 (1961). — 5. Heard, O. O., Anat. Rec. **109** (1951) zit. n. Olszewski (1952). — 6. Heidenhain, M., Das Anhauchen des Schnittes als Hilfsmittel beim Abziehen der Paraffinschnitte. Ztschr. f. wiss. Mikr. **33**, 235—237 (1916). 7. John, K., Der ziehende Schnitt. Ztschr. f. wiss. Mikr. **46**, 128—136 (1929). 8. John, K., Über die Konstanz der Schnittdicke beim Schneiden mit dem Mikrotom. Ztschr. f. wiss. Mikr. **46**, 201—214 (1929). — 9. Kisser, J., Der „ziehende" Schnitt. Kritische Bemerkungen zu John gleichlautender Arbeit. Ztschr. f. wiss. Mikr. **46**, 484—485 (1929). — 10. Kraus, C., Die Paraffineinbettung des Gehirns. Mikrotom-Nachrichten, Firmenzeitschrift der Firma F. Jung A. G., Heidelberg, Sonderheft 1, 1—19, Juni 1960. — 11. Lagerlöf, H. and Torgersruud, T., Zur Kenntnis der Gewichts- und Volumenveränderungen bei Formolfixation von Gehirngewebe und der Einwirkung von NaCl-Zusatz darauf. J. Psychol. u. Neur. **46**, 178—188 (1934). — 12. Mikrotom-Nachrichten, Firmenzeitschrift der Firma R. Jung A. G., Heidelberg, Heft 2, 1—6, 19—20, Oktober 1958. — 13. Mikrotom-Nachrichten, Firmenzeitschrift der Firma R. Jung A. G., Heidelberg, Heft 4, 61—71, April 1960. — 14. Olszewski, J., The thalamus of the macaca mulatta. Basel-New York: S. Karger 1952. — 15. Popoff, J. u. N., Beitrag zur Kenntnis der quantitativen Differenzen zwischen den Menschen- und Affengehirnen. J. Psychol. u. Neur. **38**, 168—178 (1929). — 16. Popoff, J. u. N., Allocortex bei der Ratte (Mus. decumanus). J. Psychol. u. Neur. **39**, 257—322 (1929). — 17. Rose, M., Die Ontogenie der Inselrinde. Zugleich ein Beitrag zur histogentischen Rindeneinteilung. J. Psychol. u. Neur. **36**, 182—209 (1928). — 18. Sapir, J. D., Zur individuellen Architektonik der Großhirnrinde des Menschen. J. Psychol. u. Neur. **39**, 390—428 (1929). — 19. Sarkissow, S. A., Über die Schrumpfung des Gehirns bei Paraffineinbettung. J. Psychol. u. Neur. **41**, 76—95 (1930). — 20. Stephan, H., Vergleichende Untersuchungen über den Feinbau des Hirnes von Wild- und Haustieren. (Nach Studien am Schwein und Schaf.) Zool. Jb. (Anatomie) **71**, Heft 4, 487—586 (1951). — 21. Stephan, H., Methodische Studien über den quantitativen Vergleich architektonischer Struktureinheiten des Gehirns. Z. wiss. Zool. **164**, Heft 1/2, 143—172 (1960).

Korrelation zwischen dem Nervenzellausfall und den Zellveränderungen bei Schizophrenie[1])

Von

W. M. Treff und K.-J. Hempel

Mit 7 Abbildungen und 6 Tabellen

eingegangen am 25. 8. 1960

Einleitung

In der Mitteilung über „die Zelldichte bei Schizophrenen und klinisch Gesunden" konnten wir in jedem der untersuchten Fälle einen Zellausfall bei den Katatonen und auch bei den Paranoiden gegenüber klinisch Gesunden nachweisen. Die einzelnen Nuclei und die sie aufbauenden Nervenzellarten sind — gemäß ihrem pathoklinen Verhalten — von dem Nervenzellausfall in unterschiedlichem Maße betroffen. Der individuelle Krankheitsverlauf und die Zelldichte vor Krankheitsbeginn sind weitere Faktoren, die die Größe des gefundenen Zellausfalles mit bestimmen.

Da der prozentuale Zellverlust nur einen Teil des pathologischen Vorganges erfaßt, ist es notwendig, auch die beobachteten pathologischen Zellveränderungen einer quantitativen Betrachtung zu unterziehen.

Für die Durchschnittswerte von fünf Nuclei des medio-dorsalen Thalamuskernes (**Md.**) beim Menschen konnte zwischen dem Nervenzellausfall und verschiedenen Stadien der sogenannten Schwundzellveränderungen ein korrelatives Verhalten nachgewiesen werden (Hempel und Treff 1960). Für die einzelnen Nuclei und auch für die verschiedenen Fälle sind unterschiedliche Korrelationen zu erwarten, da diese von der Pathoklise der Nuclei und vom individuellen Krankheitsverlauf abhängig sein müssen. Darum genügt es also nicht, nur den Nervenzellausfall quantitativ zu untersuchen, sondern es müssen auch die pathologischen Zellveränderungen in gleicher Weise erfaßt werden. Ein Rückschluß auf die Gesamtveränderungen im ganzen Gehirn ist bei der Vielgestaltigkeit der „schizophrenen" Krankheitsbilder nicht möglich. Auch über die Ätiologie (Stoffwechselstörungen usw.) erhalten wir keinen Hinweis.

Die vorliegende Studie wird sich ausschließlich mit zahlenmäßig erfaßbaren pathologischen Zellveränderungen beschäftigen.

---

[1]) Mit Unterstützung der Deutschen Forschungsgemeinschaft.

Material und Methode

Material

Wir benutzten zur Auswertung dieselben frontalen Serienschnitte der linken Hemisphären, wie sie zur Bestimmung der „Zelldichte bei Schizophrenen und klinisch Gesunden" zur Verfügung standen. Die Schnitte sind mit Cresylechtviolett gefärbt und 20 μ dick.

Die Werte für die klinisch Gesunden und für den Zellausfall bei den Schizophrenen entnehmen wir unserer Mitteilung über „die Zelldichte bei Schizophrenen und klinisch Gesunden" in diesem Journal, Band 4, Seite 314 (1959).

Die untersuchten Gehirne:

Bu 19 44 Jahre alte Kontoristin, 15 Jahre krank.
Klinische Diagnose: Katatonie. Tod an hypostatischer Pneumonie.

Bu 20 26 Jahre alte Kontoristin, 8 Jahre krank.
Klinische Diagnose: Tod an Pneumonie.

Bu 3 21 Jahre alte Stenotypistin, 4 Jahre krank.
Klinische Diagnose: In Schüben verlaufende Katatonie. Tod an Bronchopneumonie bei kombin. Mitralvitium und Herzinfarkt.

Bu 21 42 Jahre alte Frau, 6 Jahre krank.
Klinische Diagnose: Katatonie. Tod an Bronchopneumonie bei Kachexie.

Bu 1 37 Jahre alte Stenotypistin, 8 Wochen krank.
Klinische Diagnose: Katatonie. Tod im Erregungszustand.

Bu 7 73 Jahre alte Frau, 24 Jahre krank.
Klinische Diagnose: paranoide Schizophrenie. Tod an Myocardinfarkt.

Bu 11 64 Jahre alte Frau, 30 Jahre krank.
Klinische Diagnose: paranoide Schizophrenie (?). Tod an Sekundenherztod.

Bu 62 64 Jahre alte Arbeiterin, 24 Jahre krank.
Klinische Diagnose: paranoide Schizophrenie. Tod nach Sturz aus dem Fenster.

Normale Vergleichsfälle:

A 58 24 Jahre alter Mann. Tödlich verunglückt.

A 56 61 Jahre alter Mann. Gestorben während der operativen Behandlung eines Larynxkarzinoms.

A 61 38 Jahre alter Mann. Gestorben an nephritischen Schrumpfnieren beiderseits. Exitus nach 2tägigem Koma.

A 65 40 Jahre alte Frau. Veronalvergiftung.

E 105 $6^1/_2$ Jahre alter Knabe. Gestorben an Diphtherie.

Methode

Die Auszählung der pathologischen Zellveränderungen erfolgte für jeden Nucleus in 50 Gesichtsfeldern; ausgenommen beim Nucleus lateralis (**Md. 1**), bei dem 70 Felder zur Auszählung kamen. Dieser Nucleus besitzt eine

Zellpopulation von 6 Nervenzellarten, da die Zahlenwerte bei den einzelnen Nervenzellarten bei 50 Gesichtsfeldern nicht groß genug wären, um den vorgegebenen Konfidenzbereich zu erhalten.

Die Vergrößerung betrug 210 ×, d. h. die gefundenen Werte gelten für ein Strukturvolumen von 0,6638 mm³.

In bezug auf die Bearbeitung und Auswertung des gefundenen Zahlenmaterials weisen wir auf unsere ausführliche Darstellung in den „quantitativ-morphologischen Untersuchungen am Supranucleus medialis dorsalis thalami" (K.-J. Hempel und W. M. Treff) in diesem Journal Band 4, Seite 149 (1958) hin. Für die Beurteilung der qualitativen Beschreibung der pathologischen Zellveränderungen sei ebenfalls auf die „Histologischen Untersuchungen ..." (K.-J. Hempel) Seite 205, Band 4, verwiesen.

Tabellarische Zusammenstellung der benutzten Abkürzungen

b	Alveolare Zellveränderungen
Ball	Ballonzelle
D	Durchschnitt einer jeweils betrachteten Einheit
Ls	Lipoide Sclerose
Md	Supranucleus medialis-dorsalis thalami
Md. m	Nucleus medialis
Md. im	Nucleus intermedialis
Md. l	Nucleus lateralis
Md. dm	Nucleus dorso-medialis
Md. vm	Nucleus ventro-medialis
Md. dl	Nucleus dorso-lateralis
Md. p	Nucleus posterior
μ	Genauer Durchschnittswert innerhalb des Konfidenzbereiches
S—K	Erkrankungsgruppe der „Katatonen"
S—P	Erkrankungsgruppe der „paranoiden Schizophrenie"
s	Streuung
Schr.	Schrumpfzelle
σ	Genaue Streuung innerhalb des Konfidenzbereiches
$\bar{x}$	Durchschnittswert (Zellzahl bzw. Gesamtzellzahl)

Die pathologischen Zellveränderungen im medio-dorsalen Thalamuskern bei den Schizophrenien

Im Vordergrund der pathologischen Zellveränderungen stehen die sogenannten Schwundzellen mit durchschnittlich 27% bei der Katatonie und 19% bei der paranoiden Schizophrenie. Diese Zahlenangabe enthält nur die typische Schwundzelle, wie sie von uns unter der γ-Form, einschließlich der sog. **x**-Zelle, eingeordnet worden ist.

Zur Entstehung einer typischen Schwundzelle müssen mehrere Stadien durchlaufen werden, wobei drei Zustandsbilder unterschieden werden. Die Unterteilung dieses prozeßhaften Geschehens in drei Stadien ist erforderlich, damit eine quantitative Beurteilung möglich wird. Es darf nicht übersehen werden, daß eigentlich fließende Übergänge bestehen.

Diese Zellveränderung werden in die α-, β- und γ-Form unterteilt.

In der α-Form werden alle diejenigen Nervenzellen zusammengefaßt, die keine pathologischen Zellveränderungen zeigen, also (bei der verwendeten Untersuchungsmethode bzw. Färbung) als gesund anzusehen sind, und solche, bei denen das Zellplasma und die Nisslsubstanz etwas reduziert ist. Fettwaben können bereits sichtbar sein. Der Zellkern färbt sich normal an und die Zellgrenzen sind scharf. Diese α-Form ist auch bei klinisch Gesunden und anderen Erkrankungen zu finden (Zustandsbild I und II von Bäumer bzw. Normalzellen von E. W. Fünfgeld).

Zur β-Form rechnen wir die Zellen, die ein stark verfettetes Zellplasma besitzen, das stärker reduziert und dessen Kern-Plasma-Relation zugunsten des Kernes verschoben ist (Treff-Hempel 1959). Die Zellformen stellen sich abgerundeter dar und die Nisslsubstanz kann fast unsichtbar sein. Dieses Zellbild entspricht dem Zustandsbild III von Bäumer und der Übergangsform nach E. W. Fünfgeld.

Die eigentliche Schwundzelle ist die γ-Form. Das verfettete Zellplasma kann bis zu dessen fast völligem Schwund reduziert sein. Die Zellgrenzen sind kaum noch zu erkennen, der Kern dagegen bleibt noch recht gut gekennzeichnet. Seine dunkle Membran ist anfangs ebenfalls deutlich erkennbar. Bei schwerster Ausprägung dieser γ-Form wird der Kern immer schattenhafter und der Schwund des Zellplasmas schreitet so weit fort, daß es lichtmikroskopisch im Cresylechtviolettbild nicht mehr wahrnehmbar wird. Ein Erkennen der Nervenzellart wird somit unmöglich und wir ordnen diese so stark pathologisch veränderten Zellen unter der Kategorie der sogenannten x-Zelle ein, die *keine* besondere Nervenzellart darstellt. Bei der quantitativen Auswertung der Schwundzellveränderungen ist sie in die γ-Form einbezogen.

Der alveolare Zelluntergang ist nach den Schwundzellveränderungen mit durchschnittlich 5,4% bei den Katatonen und 6,9% bei den Paranoiden der nächst häufigste pathologische Zellbefund. Diese Form des Zellunterganges ist durch eine fein- bis selten grobwabige Umbildung des Zellplasmas gekennzeichnet. Öfters wird auch eine Einlagerung von Lipoidsubstanzen beobachtet. Die Reste der zugrunde gehenden Nisslsubstanz sind noch sehr lange als kleine Bröckchen zu sehen. Im Gegensatz zu der Schwundzelle besteht hier ein frühzeitiger Untergang des Zellkernes, dessen Färbbarkeit schnell abnimmt. Der Nucleolus wird randständig und stark vacuolisiert. Insgesamt sind die Kernstrukturen etwas schlierig. Die Form des Zelleibes bleibt — im Gegensatz zur Schwundzellveränderung — noch lange Zeit gut erhalten. Von Bäumer wurde diese pathologische Zellveränderung noch als alveolarer Zelluntergang b bezeichnet. Da aber der sogenannte alveolare Zelluntergang a als „Abwehrreaktion" in die Reihe der Schwundzellveränderungen einzureihen ist (K.-J. Hempel 1958), entfällt die Einteilung in a und b.

Weitere pathologische Zellveränderungen machen im Durchschnitt insgesamt bei den Katatonen nur 1,2% und bei den Paranoiden nur 0,8% aller beobachteten Zellveränderungen aus. Hierher gehören die Lipoide Sclerose, die Schrumpfzellen und die wohl ernährungsbedingten Ballonzellen, welche wahrscheinlich klinisch nicht manifeste Formen von Pellagra darstellen. Diese Zellveränderungen sind wiederholt bei der Schizophrenie beschrieben worden. Wie aus den Prozentzahlen ersichtlich ist, spielen sie nur eine untergeordnete Rolle.

In unseren folgenden Ausführungen werden wir nur einzelne, uns wesentlich erscheinende Punkte — wie sie sich aus dem tabellarisch aufgeführten Zahlenmaterial ergeben — herausgreifen und besprechen.[1])

Quantitative Befunde der pathologischen Zellveränderungen in den Nuclei

Zur Beurteilung des Gehaltes an Zellveränderungen innerhalb der jeweiligen Zellpopulation der einzelnen Nuclei verwenden wir die prozentualen Populationsverhältnisse. Sie werden aus den absoluten Zahlenwerten gewonnen (**Tabellen 1** und 2).

Der Nucleus medialis (**Md. m**) zeichnet sich sowohl bei der katatonen, als auch bei der paranoiden Erkrankungsgruppe von allen untersuchten Nuclei durch den stärksten Zellausfall aus. Er zeigt auch bei der Auszählung der pathologischen Zellveränderungen den höchsten Prozentgehalt an Schwundzellen der γ-Form. Sie beträgt bei S—K 38,3% und bei S—P 35,8%. Es sind in diesem Nucleus also die meisten eigentlichen Schwundzellen zu finden. Die α-Form, in der zumeist gesunde Zellen enthalten sind, ist mit 14% bzw. 21,7% (S—P) unter allen Nuclei am geringsten vertreten.

Bei der katatonen Erkrankungsgruppe findet sich in diesem Nucleus medialis auch der größte prozentuale Anteil an alveolaren Zelluntergängen. Er beträgt hier 13,5%. Auffälligerweise ist der Gehalt an alveolarem Zelluntergang bei der paranoiden Erkrankungsgruppe nur halb so groß.

Der hohe Durchschnittswert für den alveolaren Zelluntergang ist vor allen Dingen durch den Fall **Bu 19** aus der katatonen Erkrankungsgruppe verursacht. Er beträgt hier 36,8% der gesamten Zellveränderungen. Ein so hoher Wert wurde in keinem anderen Falle und in keinem anderen Nucleus wieder festgestellt. Allerdings weisen auch noch die Fälle **Bu 1** und **Bu 20** überdurchschnittlich hohe Prozentwerte auf. Die Fälle **Bu 21** und **Bu 3** liegen unter dem gefundenen Gesamtdurchschnitt. Ebenso unterschiedlich verhalten sich die einzelnen Fälle der paranoiden Erkrankungsgruppe. Hier wird der Durchschnittswert durch die 14,5% bei **Bu 62** gegenüber 3,8% und 1,2% bei **Bu 11** bzw. **Bu 7** bestimmt.

Es lassen sich vorläufig keinerlei Beziehungen zwischen dieser Zellveränderung einerseits und der Krankheitsneigung einer bestimmten Nervenzellart und einem bestimmten Krankheitsverlauf andererseits herstellen.

Im Nucleus intermedialis (**Md. im**) beträgt der Nervenzellausfall nur 6,5% bzw. 7,3%. Dieser Nucleus weist den geringsten durchschnittlichen Nervenzell-

[1]) Das gesamte Zahlenmaterial ist im Archiv des Instituts für Hirnforschung Neustadt/Schwarzwald jederzeit einzusehen; die Tabellen 1—4 sind als Beispiel ausgewählt. Die Tabellen finden sich am Schluß des Heftes.

Tabelle 1. Prozentuale Verteilung der pathologischen Zellveränderungen in den Nervenzellpopulationen der untersuchten Nuclei aller beobachteten Fälle. Abkürzungen siehe Abbildung 1 und tabellarische Zusammenstellung der benutzten Abkürzungen

		Bu 3	Bu 20	Bu 1	Bu 21	Bu 19	Bu 11	Bu 62	Bu 7
Md. m	α	15,9	9,9	11,2	17,4	17,8	14,0	31,8	20,0
	β	36,3	35,4	33,2	39,4	18,0	38,4	30,8	35,3
	γ	43,4	44,8	43,8	38,0	22,9	43,5	20,6	41,3
	b	3,2	8,3	10,2	2,0	36,8	3,8	14,1	1,2
	Ls	1,0	1,2	1,0	1,0	1,4	0,3	1,7	2,2
	Schr	0,2	0,4	0,6	0,5	0,8	—	0,8	—
	Ball	—	—	—	1,7	2,3	—	0,2	—
Md. im	α	14,8	50,8	25,8	14,8	59,5	37,8	57,5	20,4
	β	41,2	25,4	36,4	43,4	30,1	34,4	24,5	48,3
	γ	37,6	18,4	33,3	33,8	4,5	24,0	12,1	27,9
	b	4,2	4,3	1,9	6,3	5,0	2,7	4,8	0,9
	Ls	2,0	1,1	2,6	1,7	0,5	1,1	1,1	2,0
	Schr	0,2	—	—	—	—	—	—	0,5
	Ball	—	—	—	—	0,4	—	—	—
Md. l.	α	31,9	46,5	20,2	30,3	64,5	56,0	56,6	29,9
	β	50,5	37,8	38,8	39,6	22,4	25,5	28,4	26,5
	γ	13,8	11,6	39,7	28,2	4,7	1,4	2,6	25,0
	b	2,1	2,5	—	—	8,4	15,6	11,2	16,7
	Ls	1,7	1,3	0,9	1,7	—	0,5	1,2	1,9
	Schr	—	0,3	0,4	0,2	—	—	—	—
	Ball	—	—	—	—	—	—	—	—
Md. dm	α	34,5	30,8	12,1	52,0	49,2	47,5	40,3	32,4
	β	30,9	30,0	42,5	23,0	23,2	31,4	38,7	31,8
	γ	31,2	32,5	38,5	16,5	22,2	18,0	13,4	32,6
	b	4,4	4,2	6,9	7,0	2,5	2,5	7,6	3,2
	Ls	—	1,5	—	—	1,8	0,6	—	—
	Schr	—	1,0	—	—	1,1	—	—	—
	Ball	—	—	—	1,5	—	—	—	—
Md. vm	α	23,9	21,4	14,0	16,5	37,2	25,5	60,6	32,7
	β	36,3	36,2	33,4	37,0	39,4	34,3	33,4	32,2
	γ	37,0	38,0	47,6	40,3	21,1	34,2	2,2	28,9
	b	2,8	4,4	5,0	6,2	1,3	3,7	3,8	6,2
	Ls	—	—	—	—	0,8	—	—	—
	Schr	—	—	—	—	0,2	2,3	—	—
	Ball	—	—	—	—	—	—	—	—
Md. dl	α	17,5	34,4	26,6	29,9	7,9	4,1	26,5	13,1
	β	34,0	34,1	29,7	31,3	7,9	49,2	51,0	38,9
	γ	45,0	25,9	34,6	30,7	6,8	2,4	15,8	32,2
	b	3,5	—	9,1	8,1	6,3	7,4	6,7	13,5
	Ls	—	2,6	—	—	—	—	—	—
	Schr	—	—	—	—	—	—	—	—
	Ball	—	2,0	—	—	—	—	—	2,3
Md. p	α	38,4	46,9	30,5	27,8	69,5	54,3	48,8	36,2
	β	33,7	34,6	38,3	51,1	25,9	39,2	44,5	37,0
	γ	23,5	14,9	23,2	18,4	3,2	0,9	1,3	19,8
	b	3,5	3,6	7,4	1,8	0,7	5,5	5,4	7,0
	Ls	0,6	—	0,6	0,9	0,7	—	—	—
	Schr	0,3	—	—	—	—	—	—	—
	Ball	—	—	—	—	—	—	—	—

Tabelle 2. Durchschnittliche prozentuale Verteilung der pathologischen Zellveränderungen in den Nervenzellpopulationen der untersuchten Nuclei beider Erkrankungsgruppen

		SK	SP			SK	SP
Md. m	α	14,0	21,7	Md. vm	α	22,5	41,4
	β	31,6	31,1		β	36,5	32,0
	γ	38,3	35,8		γ	36,7	21,9
	b	13,5	6,6		b	4,0	4,6
	Ls	1,1	1,4		Ls	0,2	—
	Schr	0,6	0,3		Schr	0,1	0,1
	Ball	0,9	0,1		Ball	—	—
Md. im	α	34,0	38,1	Md. dl	α	40,1	28,2
	β	36,2	36,0		β	26,1	46,8
	γ	23,6	21,4		γ	28,2	15,4
	b	4,5	2,9		b	4,7	8,8
	Ls	1,5	1,4		Ls	0,5	—
	Schr	0,1	0,2		Schr	—	—
	Ball	0,1	—		Ball	0,4	0,8
Md. l	α	41,0	46,8	Md. p	α	40,6	46,1
	β	36,3	29,6		β	38,9	40,5
	γ	18,5	8,1		γ	16,4	7,4
	b	2,9	14,4		b	3,4	6,0
	Ls	1,1	1,1		Ls	0,6	—
	Schr	0,2	—		Schr	0,1	—
	Ball	—	—		Ball	—	—
Md. dm	α	36,7	39,9				
	β	27,5	34,0				
	γ	29,2	21,4				
	b	5,1	4,4				
	Ls	0,7	0,3				
	Schr	0,5	—				
	Ball	0,3	—				

ausfall auf. Seine durchschnittliche Zelldichte liegt sogar noch etwas über dem Minimalwert, der bei klinisch Gesunden festzustellen war.

Auf Grund der durchschnittlichen Korrelation wäre in diesem Nucleus zu erwarten, daß der prozentuale Gehalt an eigentlichen Schwundzellen (γ-Form) auch wegen des geringen Nervenzellausfalles hier unter allen Nuclei am geringsten und sein Gehalt an α-Formen am größten ist. Das trifft jedoch weder für S—K noch für S—P zu.

Wie aus der **Abbildung 1** ersichtlich ist, liegt er mit 23,6% (S—K) und 21,4% (S—P) für die γ-Form in der Mitte der übrigen Nuclei.

Auch im Einzelfall könnten höhere Prozentwerte für die α-Form und tiefere für die γ-Form erwartet werden (**Tabelle 1**). Bei den Katatonien trifft dies lediglich für den Fall **Bu 19** und bei den Paranoiden für den Fall **Bu 62** zu. Alle übrigen Fälle weichen vom errechneten durchschnittlichen Korrelationsverhältnis ab.

Die Zellpopulation des Nucleus intermedialis zeigt entsprechend ihrem höheren prozentualen Gehalt an erkrankten Zellen (β- und γ-Formen) eine größere Krankheitsneigung, als es auf Grund des Nervenzellausfalles vorauszusehen war. Eine Korrelation zwischen dem Nervenzellausfall und dem prozentualen Gehalt an erkrankten Zellen ist zwar vorhanden, ihr Verhältnis im Vergleich zu den anderen Nuclei ist jedoch ein anderes.

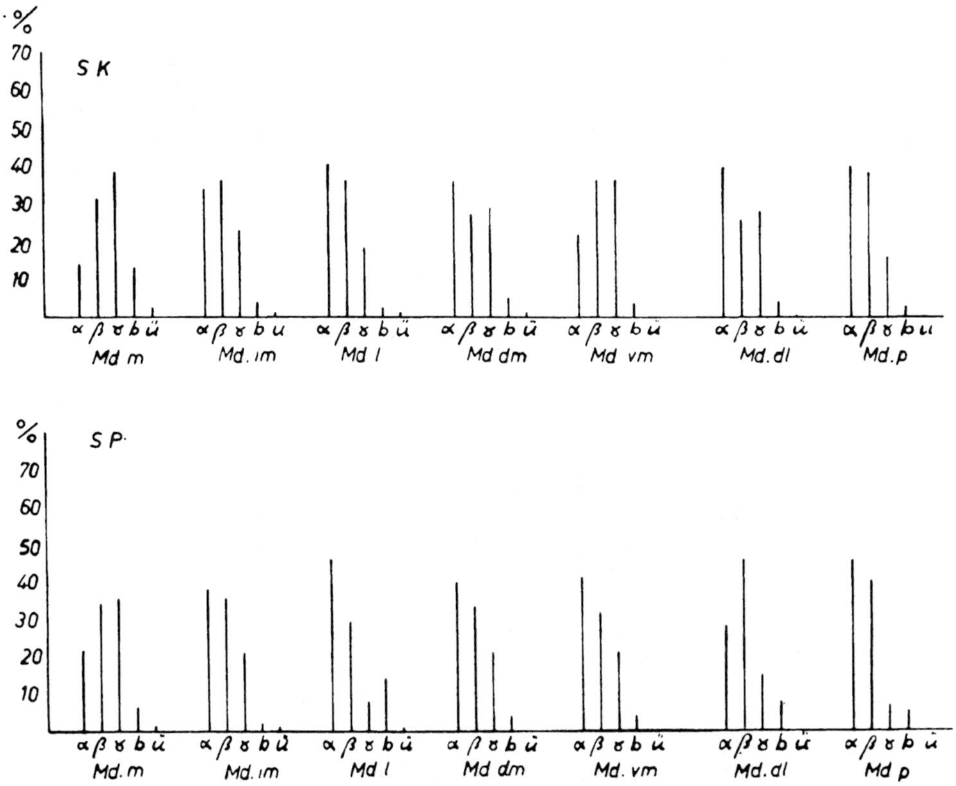

Abb. 1. Durchschnittliche prozentuale Verteilung der pathologischen Zellveränderungen in den Nuclei sämtlicher untersuchter Fälle.

α = α-Form der Schwundzellveränderungen; β = β-Form; γ = γ-Form; b = Alveolare Zellveränderung; ü = Weitere im Text beschriebene Zellveränderungen. Die übrigen Abkürzungen siehe tabellarische Zusammenstellung im Text.

Eine Krankheitsneigung gegenüber der uns unbekannten Noxe ist auch bei der Zellpopulation dieses Nucleus gegeben, doch scheinen die einzelnen Nervenzellarten hier eine größere Resistenz zu zeigen. Das bedeutet, daß der Krankheitsprozeß offensichtlich langsamer verläuft, da gegenüber anderen Nuclei entsprechend weniger Zellen im gleichen Zeitraum zugrunde gegangen sind. Ob vor der Erkrankung in all diesen Fällen eine größere Zelldichte vorhanden gewesen ist, ist nicht zu entscheiden. Die Tatsache der verhältnismäßig geringen Schwankungsbreite der Zelldichte bei den klinisch Gesunden schließt eine ursprünglich höhere Zellzahl bei den Erkrankten aus.

Im Gegensatz zum Nucleus intermedialis zeigt der Nucleus lateralis (**Md. l**) im Durchschnitt ein umgekehrtes Verhalten. Hier entspricht einem mittleren durchschnittlichen Zellausfall ein starker prozentualer Anteil von α-Formen und ein geringerer Anteil von γ-Formen. Dies gilt sowohl für die katatone als auch für die paranoide Erkrankungsgruppe. In diesem Nucleus wird die Korrelation zwischen dem Nervenzellausfall und dem prozentualen Gehalt an γ- bzw. α-Formen durch eine geringere Krankheitsneigung gegenüber den einwirkenden Schädigungen bestimmt. Der relativ hohe Zellausfall weist dagegen auf einen schnelleren Verlauf der Schwundzellenveränderungen und den damit verbundenen Zelluntergang hin.

Der einzig signifikante Unterschied zwischen den beiden Erkrankungsgruppen — in bezug auf das Verhalten des Nervenzellausfalles — ist im Nucleus ventromedialis (**Md. vm**) zu finden. Hier ist die durchschnittliche Zelldichte in beiden Erkrankungsgruppen nachweisbar unterschiedlich groß, wobei bei den paranoiden Fällen der Zellausfall geringer als bei den Katatonen ist. Ein gleiches statistisch signifikantes Verhalten zeigt der durchschnittliche prozentuale Gehalt an α- bzw. β-Formen in diesem Nucleus. Der stärkere Zellverlust bei den Katatonen hat mit 22,5% einen geringeren Anteil an α-Formen als die paranoide Erkrankungsgruppe mit 41,4%. Dagegen ist der Gehalt an γ-Formen bei S—K mit 36,7% größer als bei S—P mit 21,9%.

Die Nuclei dorso-medialis (**Md. dm**), dorso-lateralis (**Md. dl**) und der Nucleus posterior (**Md. p**) zeigen keine Besonderheiten in ihren Beziehungen zwischen prozentualem Nervenzellausfall und prozentualem Gehalt an Schwundzellenveränderungen. Der **Md. p** zeichnet sich durch einen geringeren Nervenzellausfall in beiden Erkrankungsgruppen aus und hat dementsprechend einen prozentual hohen Gehalt an Ganglienzellen der α-Form und einen niedrigen an solchen der γ-Form.

Bei keinem der Nuclei kann eine besondere Neigung zum alveolaren Zelluntergang festgestellt werden, auch wenn in dem einen oder anderen Nucleus der beiden Erkrankungsgruppen ein im ganzen überdurchschnittlicher prozentualer Gehalt dieser Zellveränderung zu bemerken ist. Die Zahlen der Einzelfälle sind zu unterschiedlich, als daß sie einen allgemeingültigen Schluß erlauben (Ausnahme Md. m).

Die übrigen pathologischen Zellveränderungen, die Lipoide Sclerose, die Schrumpfzelle und die Ballonzelle treten so selten auf, daß ihre durchschnittliche Beteiligung an allen pathologischen Zellveränderungen bei der Katatonie im Durchschnitt 1,2% und bei der Paranoia 0,8% nicht übersteigt. Sie sind im Einzelfall in den untersuchten Gesichtsfeldern z. T. gar nicht oder im Höchstfall mit 2,6% vertreten (Ls bei **Bu 20** und **Bu 1**).

Quantitative Befunde der pathologischen Zellveränderungen bei den einzelnen Nervenzellarten

Bei den Nuclei in beiden Erkrankungsgruppen besteht ein gesicherter Nervenzellausfall gegenüber den klinisch Gesunden, der für die einzelnen

Nuclei unterschiedlich groß ist. Auch der prozentuale Gehalt an pathologischen Zellveränderungen ist verschieden stark. Diese Befunde werden letztlich durch den Zellausfall und die Erkrankung der Nervenzellarten der jeweiligen Kernpopulation verursacht.

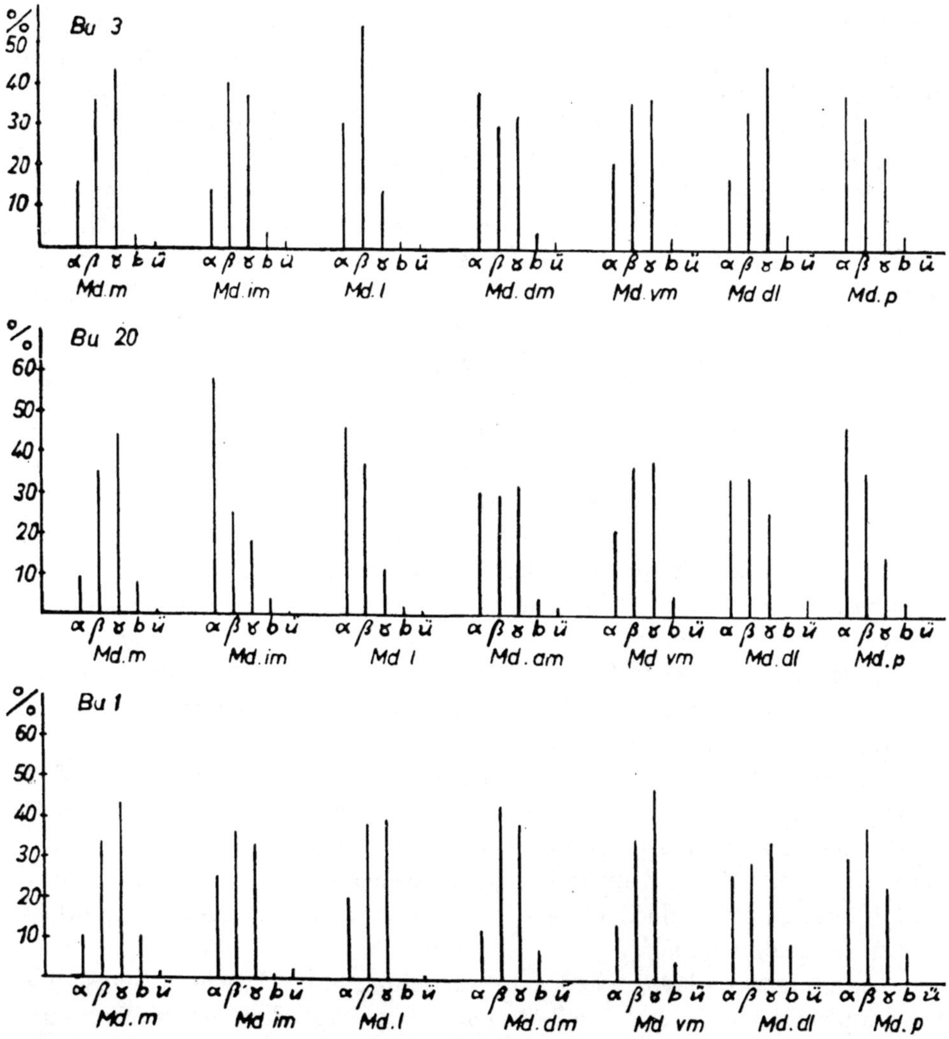

Abb. 2. Prozentuale Verteilung der pathologischen Zellveränderungen in den einzelnen Nuclei der katatonen Fälle **Bu 3**, **Bu 20** und **Bu 1**.

(Zeichenerklärung siehe Abbildung 1.)

Für ein vollständiges Bild von der Erkrankung und der Pathoklise der einzelnen Nervenzellarten müssen die Angaben über den Ausfall der einzelnen Zellarten durch eine quantitative Erfassung ihrer pathologischen Veränderungen ergänzt werden.

Bei der Betrachtung des prozentualen Nervenzellausfalles und ihres dazugehörigen prozentualen Gehaltes an pathologischen Zellveränderungen fällt auf, daß trotz der Korrelation zwischen beiden Faktoren der Nervenzellausfall allein nicht über das Ausmaß der Krankheitsneigung einer Zellpopulation Auskunft geben kann. Bei einem geringen Nervenzellausfall kann ein erkrankter Nucleus mehr pathologisch veränderte Zellen haben als ein anderer mit stärkerem Zellausfall.

Die Zellpopulation des Nucleus medialis setzt sich im Schnittbild zusammen aus einer mittelgroßen gerundeten Pyramidenzelle (Zellart **a**), einer mittelgroßen viereckigen Zelle (Zellart **b**) und einer kleinen viereckigen Zelle

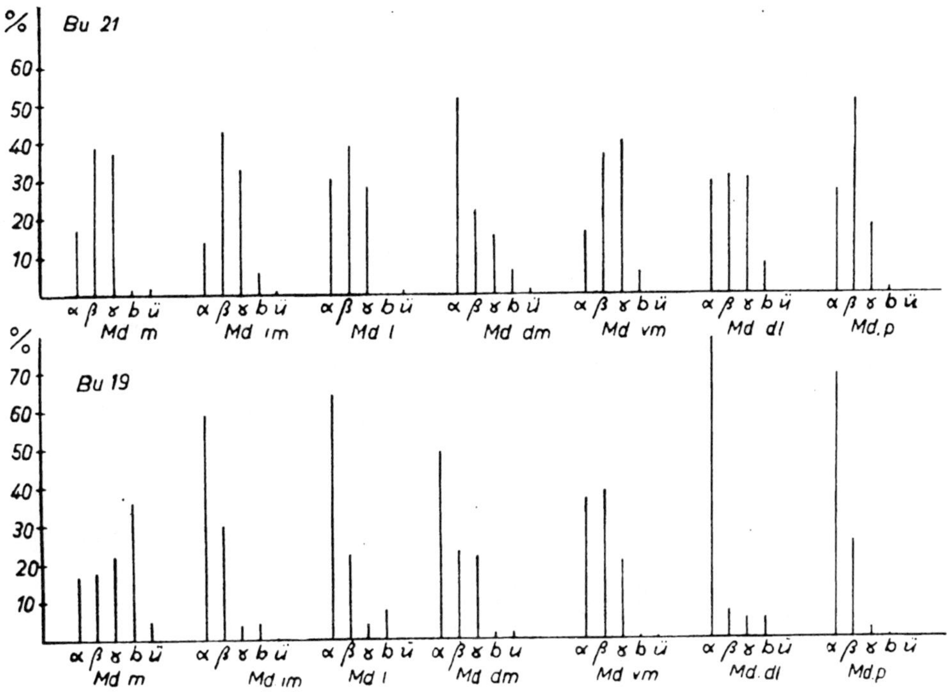

Abb. 3. Prozentuale Verteilung der pathologischen Zellveränderungen in den einzelnen Nuclei der katatonen Fälle **Bu 21** und **Bu 19**

(Zeichenerklärung siehe Abbildung 1)

(Zellart **c**) (s. auch S. 3, Band 4, Abb. 1). Sie stehen im Durchschnitt mengenmäßig in einem Verhältnis von etwa a : b : c ≈ 1 : 4 : 2. Ihr jeweiliger durchschnittlicher Zellverlust beträgt 31%, 35% und 38% bei der katatonen Erkrankungsgruppe. Der Nervenzellverlust ist also bei der Zellart **c** am größten.

Nur die Nervenzellart **a** des Nucleus dorso-medialis, eine schmale Spindelzelle, kann im medio-dorsalen Thalamuskern einen Zellverlust aufweisen, der in der gleichen Größenordnung liegt (35% bei S—K).

Bei S—P beträgt der Zellverlust der Zellart **a** 21%, bei der Zellart **b** 32% und bei der Zellart **c** 41%. Die Unterschiede der Zellverluste sind also bei der paranoiden Erkrankungsgruppe stärker. Die Nervenzellausfälle der anderen Nuclei liegen alle unter 30%. Daher ist die Gesamtpopulation dieses medialen Nucleus (**Md. m**) im vorliegenden Untersuchungsmaterial am stärksten vermindert.

Gemäß der Korrelation zwischen dem prozentualen Nervenzellausfall und dem prozentualen Gehalt an α-Formen muß letzterer hier bei den einzelnen Nervenzellarten im Vergleich zu anderen dieses Griseuns am geringsten sein; und dies in ausgesprochenem Maße bei der Nervenzellart **c**. Diese Annahme wird veranschaulicht im Vergleich der **Abbildungen 2—5.**

Umgekehrt ist der prozentuale Gehalt an Zellen der γ-Form, besonders bei der Nervenzellart **c** am größten. Dies trifft sowohl für die katatone als auch für die paranoide Erkrankungsgruppe zu.

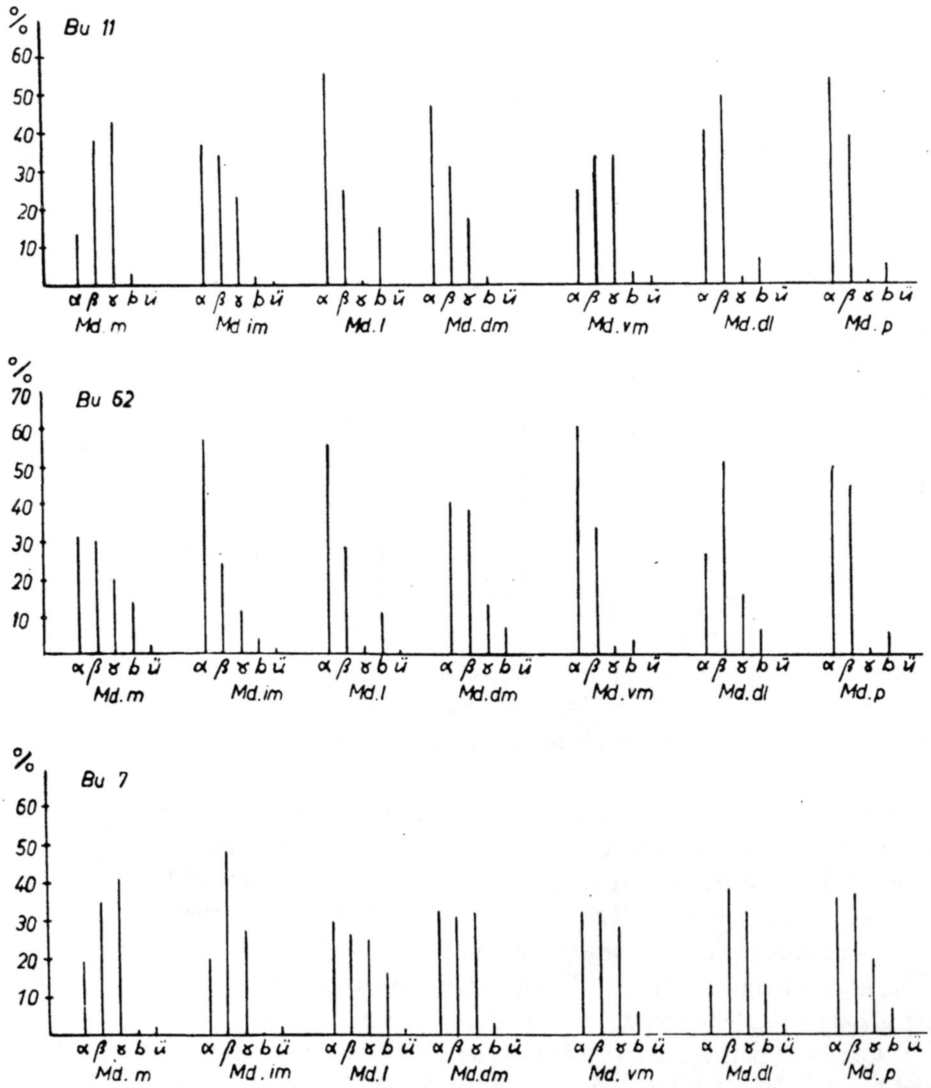

Abb. 4. Prozentuale Verteilung der pathologischen Zellveränderungen in den einzelnen Nuclei der paranoiden Fälle **Bu 11, Bu 62** und **Bu 7**

(Zeichenerklärung siehe Abbildung 1)

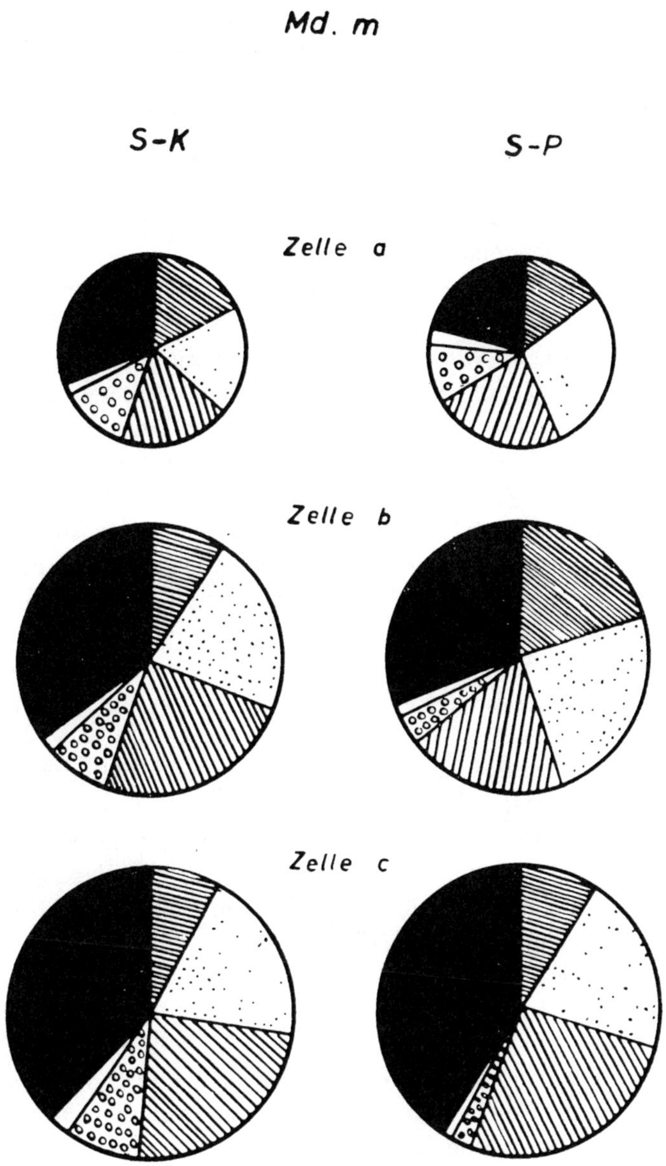

Abb. 5. Durchschnittliche prozentuale Verteilung der pathologischen Zellveränderungen bei den einzelnen Nervenzellarten des Nucleus medialis (**Md. m**) für beide Erkrankungsgruppen mit dem prozentualen Nervenzellausfall

Schwarzer Sektor: Prozentualer Nervenzellausfall
tangentiale Strichelung: Prozentgehalt an α-Formen
gepunktet: Prozentgehalt an β-Formen
radiale Strichelung: Prozentgehalt an γ-Formen
kleine Kreise: Prozentgehalt an alveolarer Zellveränderung
weißer Sektor: Prozentgehalt der weiteren im Text beschriebenen Zellveränderungen.

Der Flächeninhalt der Kreise entspricht der durchschnittlichen Zellzahl der klinisch gesunden Vergleichsgruppe.

Vergleicht man den prozentualen Zelluntergang mit dem prozentualen Gehalt an Zellen der γ-Form, so besteht hier ein Verhältnis von etwa 1:1. Man kann also mit Wahrscheinlichkeit annehmen — abgesehen von der mathematisch nachgewiesenen Korrelation — (s. Seite 482, Abb. 1, Band 4), daß die Schwere der Schwundzellveränderung hier zum Zelluntergang geführt hat. Wir wollen aber nicht ausschließen, daß auch die anderen pathologischen Zellveränderungen Zellverluste zur Folge haben können.

Diese bisher beschriebenen Befunde gelten im großen ganzen für sämtliche Nervenzellarten dieses Nucleus in allen untersuchten Fällen, bis auf die Zellart **c** des Falles **Bu 19**, wo wir bei einem unterdurchschnittlichen Nervenzellausfall einen fast durchschnittlich großen Anteil an γ-Formen haben. Das Verhältnis zwischen dem Nervenzellausfall und dem Gehalt an γ-Formen verschiebt sich also zugunsten der γ-Form. Die Krankheitsneigung ist dementsprechend nicht anders geworden.

Da wir aber niemals feststellen können, wie groß die Zahl der Nervenzellen vor der Erkrankung gewesen ist, kann der hier erscheinende geringere Nervenzellausfall durch eine ursprünglich größere Zellzahl bedingt sein. Bei den klinisch Gesunden besteht zwischen der maximalen und der minimalen Zellzahl der untersuchten Fälle ein Unterschied von 25%. Eine andere Erklärung könnte im Krankheitsverlauf des Falles **Bu 19** zu suchen sein, worauf wir später zurückkommen werden.

Der Nucleus intermedialis weist in beiden Erkrankungsgruppen einen durchschnittlichen Ausfall von 6,5% (S—K) und 7,3% (S—P) auf. Dabei liegt die Zelldichte dieses Nucleus bei **Bu 3** und **Bu 20** noch über dem Minimum der Zellzahlen klinisch Gesunder. Der geringe Zellausfall dieses Nucleus ist in der kaum verminderten Zellzahl seiner Nervenzellarten **a** (mittelgroße Pyramidenzelle) und **b** (schmale Polygonalzelle) gegenüber dem Durchschnitt bei den klinisch Gesunden begründet (s. auch Seite 3, Abb. 2, Band 4). In einzelnen Fällen liegen sie sogar darüber. Bei diesen (**Bu 20**, **Bu 21** und **Bu 19**) müssen wir von vornherein eine überdurchschnittliche Zellzahl annehmen. Würde die Korrelation zwischen dem prozentualen Nervenzellausfall und den pathologisch veränderten Zellen die gleiche sein, wie im Nucleus medialis, dann dürften nur wenige Zellen dieser Population — besonders der Zellarten **a** und **b** — pathologische Zellveränderungen der α-Form aufweisen. Der prozentuale Gehalt an α-Formen müßte außerordentlich hoch sein.

Wie uns die Prozentzahlen in den **Tabellen 1** und **2** für den Durchschnitt und auch für die Einzelfälle zeigen, finden wir zwar einen relativ hohen Gehalt an Zellen der α-Form, aber wir sehen auch — und dies verdeutlicht auch die **Abbildung 6** — einen relativ großen Anteil an kranken Zellen. Daraus ist zu folgern, daß die Zellpopulation dieses Kerngebietes eine Krankheitsneigung besitzt, die für die vier Nervenzellarten unterschiedlich groß ist. Sie führt aber nicht — wie bei den übrigen Nuclei — so schnell und so ausgedehnt zum Zelluntergang.

Ausgenommen hiervon ist die Nervenzellart **d** (eine größere Polygonalzelle) die mit 18% (S—K) bzw. 15% (S—P) Zellausfall gegenüber den klinisch Gesunden außerordentlich wenig Zellen zeigt, die der γ-Form angehören.

Der Nervenzellausfall ist jedoch von durchschnittlicher Größe; die Zahl der wesentlich pathologisch veränderten Zellen dagegen recht gering. Die Nervenzellart **d** scheint also im Erkrankungsfalle schneller zugrunde zu gehen, als die Zellarten **a** und **b**, denn bei stärkerem Zelluntergang sind hier weniger γ-Formen vorhanden. In diesem Nucleus verhalten sich die einzelnen Nerven-

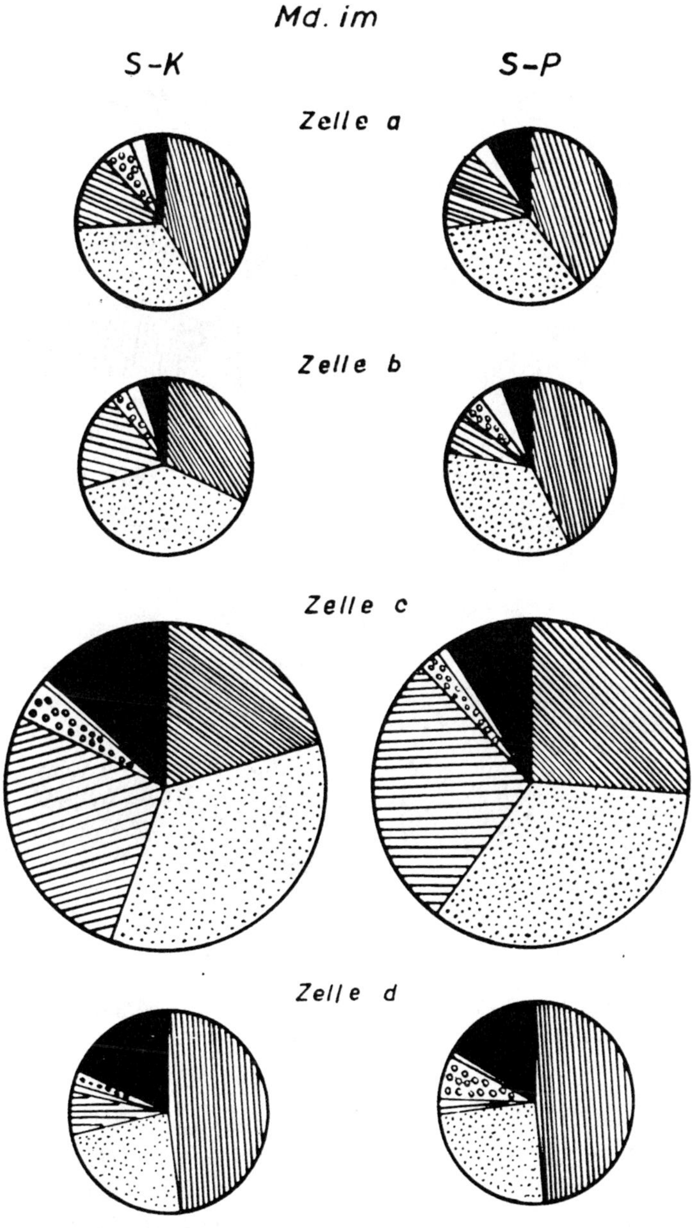

Abb. 6. Durchschnittliche prozentuale Verteilung der pathologischen Zellveränderungen bei den vier Nervenzellarten der Population des Nucleus intermedialis (**Md. im**)

(Zeichenerklärung siehe Abbildung 5)

zellarten also außerordentlich unterschiedlich. Ihre differente Pathoklise kann kaum besser verdeutlicht werden.

Das korrelative Verhalten zwischen dem Nervenzellausfall und den Schwundzellenerkrankungen im Nucleus posterior (**Md. p**) entspricht im großen

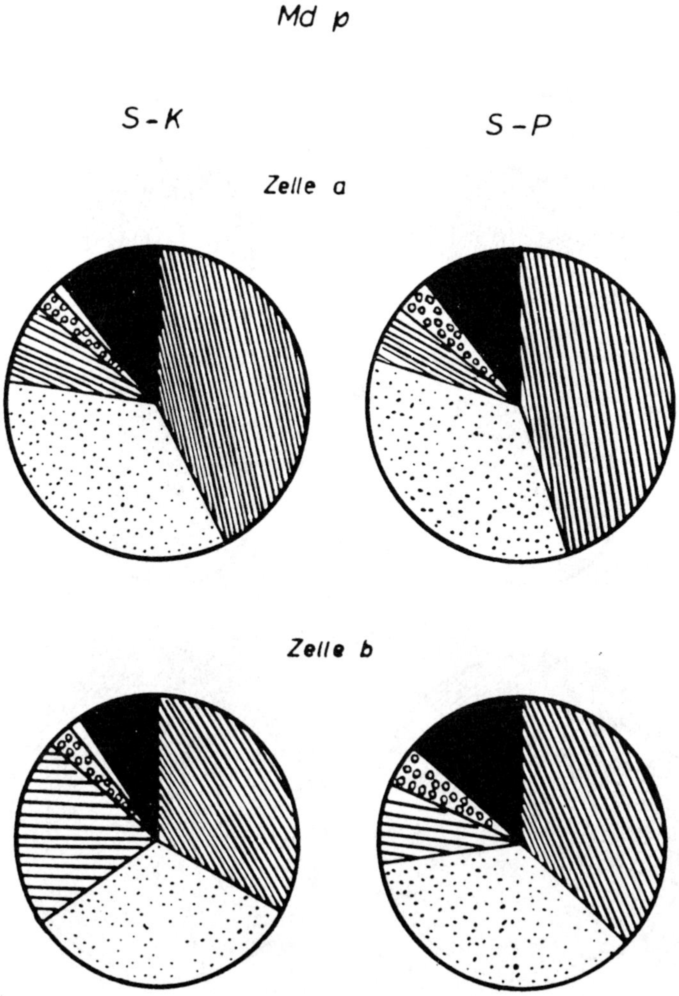

Abb. 7. Durchschnittliche prozentuale Verteilung der pathologischen Zellveränderungen bei den zwei Nervenzellarten des Nucleus posterior (**Md. p.**)
(Zeichenerklärung siehe Abbildung 5)

ganzen wieder dem des Nucleus medialis (**Md. m**). Nur findet sich hier ein verhältnismäßig geringer Zellausfall, dem auch ein geringerer prozentualer Gehalt an Zellen der γ-Form entspricht. Die Zahl der wenig pathologisch veränderten Zellen ist dementsprechend relativ groß (**Abbildung 7**).

Die Prozentzahlen der β-Formen halten sich, wie bei fast allen Nervenzellarten im gesamten Griseum, konstant. Es war auch zwischen diesem Stadium der Nervenzellveränderungen und dem Nervenzellausfall kein korrelatives Verhalten nachzuweisen. Eine Erklärung hierfür wäre, daß die β-Form ein Übergangsstadium darstellt, aus dem die erkrankten Zellen — je nach dem Krankheitsverlauf — entweder in die eigentliche Schwundzelle (γ-Form) übergehen oder sich wieder erholen können (α-Form).

Die Zellpopulation des Nucleus posterior (Seite 9, Abb. 4, Band 4) besteht aus einer großen Pyramidenzelle (Nervenzellart **a**) und einer viereckigen Zelle (Nervenzellart **b**). Der Nervenzellausfall ist etwa gleich groß, wobei aber bei der großen Pyramidenzelle in beiden Erkrankungsgruppen ein etwas geringerer Prozentgehalt an γ-Formen vorhanden ist, als bei der viereckigen Zelle der katatonen Erkrankungsgruppe.

Der durchschnittliche Nervenzellausfall bei der Nervenzellart **b** wird vor allem durch den außerordentlich geringen Ausfall dieser Zellart im Falle **Bu 20** hervorgerufen, wobei sich aber der Gehalt an γ-Formen von den übrigen untersuchten Fällen (ausgenommen **Bu 19**) der katatonen Erkrankungsgruppe geringfügig unterscheidet. Man kann annehmen, daß im Falle **Bu 20** die Zellzahl vor der Erkrankung wahrscheinlich überdurchschnittlich groß war.

Gegenüberstellung qualitativer und quantitativer Untersuchungsergebnisse

In einer früheren Mitteilung wurde der Nervenzellausfall am gleichen Material mit qualitativ erhobenen Untersuchungsbefunden verglichen. Wir vermuteten damals, daß die Schwere der pathologischen Zellveränderungen mit der Stärke des Nervenzellausfalles parallel verlaufe. Weiterhin ergab sich beim Vergleich des prozentualen Zellausfalles mit dem prozentualen Gehalt an den verschiedenen Formen der Schwundzellveränderungen zwischen der α-Form oder der γ-Form einerseits und dem Nervenzellausfall andererseits ein korrelativer Zusammenhang.

Die eingehende Betrachtung der quantitativen Ergebnisse der Schwundzellveränderungen zeigt unter anderem eine Korrelation für alle Nuclei und deren Zellpopulation. Die einzelnen Nervenzellarten und damit die durch sie aufgebauten Nuclei weisen die bereits angeführten Unterschiede auf. So findet sich bei einem gleich großen Nervenzellausfall in verschiedenen Nuclei nicht immer ein gleich großer Gehalt an pathologischen Zellveränderungen.

Nach der Pathoklisenlehre O. Vogts ist ein derartiges Verhalten der einzelnen Nervenzellarten zu erwarten. Die Krankheitsneigung einer solchen topistischen Einheit drückt sich nach unseren Ergebnissen nicht nur in der Anfälligkeit gegenüber der uns unbekannten Noxe aus, sondern auch durch eine individuelle Reaktion der davon betroffenen topistischen Einheit innerhalb dieser Vulnerabilität.

Als Beispiel soll die mittelgroße Pyramidenzelle (Zellart **a**) und die große Polygonalzelle (Zellart **d**) des Nucleus intermedialis angeführt werden. Aus der Stärke des Zellausfalles der Nervenzellart **a** kann nicht ohne weiteres auf eine geringe Krankheitsneigung dieser Zellart geschlossen werden. Betrachtet man nämlich die Menge der pathologisch veränderten Zellen, so ist diese weit größer, als es aus der durchschnittlich errechneten Korrelation zwischen dem Nervenzellausfall und den Schwundzellveränderungen des gesamten mediodorsalen Thalamuskern zu erwarten ist. Die Erkrankung führt bei dieser Zellart nicht so schnell zum Zelluntergang wie im Durchschnitt aller Nervenzellen dieses Griseums. Umgekehrt müßte bei der großen Polygonalzelle des Nucleus intermedialis wegen des größeren Nervenzellausfalles ein höherer Gehalt an γ-Formen und ein niedrigerer an α-Formen auftreten (**Abbildung 6**). Die Erkrankung führt anscheinend schneller zum Untergang der Nervenzellen. Ob vor der Erkrankung bei der Nervenzellart **a** eine höhere, oder bei der Nervenzellart **d** eine niedrigere Zellzahl vorhanden gewesen ist, läßt sich nicht feststellen. Da es sich jedoch um Durchschnittswerte von insgesamt acht Fällen handelt, kann die individuelle Schwankungsbreite der Zellzahlen kaum eine Rolle spielen, da wir ein Vergleichsmaterial von kliniseh Gesunden desselben Umfanges haben.

Nachdem nun der Nervenzellausfall und das Ausmaß der pathologischen Nervenzellveränderungen zahlenmäßig bekannt ist, kann ein Vergleich mit der rein qualitativen Beurteilung des vorliegenden Beobachtungsgutes und der Fälle untereinander erfolgen.

In den **Tabellen 5** und **6** wurden, ausgehend von der subjektiven qualitativen Beurteilung 5 (0—IV) Gruppen gebildet, um den jeweiligen Schweregrad der Erkrankung der einzelnen Nuclei zu erfassen. Für einen Vergleich mit den quantitativen Ergebnissen sind die Prozentwerte in entsprechende Gruppen eingeteilt.

Es besteht eine partielle Übereinstimmung zwischen dem quantitativ erfaßten *Nervenzellausfall* und den qualitativ beobachteten Zellveränderungen, die besonders den medialen und ventro-medialen Nucleus betrifft. Die übrigen Nuclei weichen mehr oder weniger stark ab. Werden jedoch die quantitativen Ergebnisse der *Schwundzellenveränderungen* zum Vergleich mit herangezogen, so nähert sich das Bild wieder der ursprünglich rein eindrucksmäßigen Beurteilung. Dies ist verständlich, da ja die qualitative Beurteilung vorwiegend auf Grund der pathologischen Zellveränderungen vorgenommen wurde. Der Zellausfall selbst ist einer rein eindrucksmäßigen Beurteilung außerordentlich schwer zugängig, da der Aufbau der Strukturen dieses Kerngebietes schon bei klinisch Gesunden sehr ungleichmäßig ist.

In dieser tabellarischen Zusammenstellung kann ein wesentlicher Unterschied zwischen den Fällen der katatonen (die fünf oberen Spalten) und denen der paranoiden Erkrankungsgruppe (die drei unteren Spalten) nicht herausgelesen werden (siehe auch die **Tabelle 6** für die Durchschnittswerte). Ebenso besteht keinerlei Beziehung zwischen der Krankheitsdauer der einzelnen Fälle mit der Schwere der Erkrankung (%-Gehalt an γ-Formen) und der Stärke des Nervenzellausfalles.

Damit sei nicht behauptet, daß die beiden verschiedenartigen klinischen Krankheitsbilder, nach denen wir hier unterschieden haben, das gleiche morphologische Substrat besitzen. Das vorliegende Griseum zeigt keinen wesentlichen Unterschied. Die pathologischen Zellveränderungen erscheinen in beiden

Tabelle 3. Mittelwerte der Zellzahlen der Nervenzellarten und der einzelnen pathologischen Zellv

	x				
	Bu 3	**Bu 20**	**Bu 1**	**Bu 21**	
Zelle a					
Gesamt	4,64 $4{,}13 < \mu < 5{,}15$	5,36 $4{,}80 < \mu < 5{,}92$	3,22 $2{,}62 < \mu < 3{,}82$	4,60 $4{,}09 < \mu < 5{,}11$	$4{,}54 <$
α	0,76 $0{,}46 < \mu < 1{,}06$	0,84 $0{,}54 < \mu < 1{,}14$	0,80 $0{,}50 < \mu < 1{,}10$	1,70 $1{,}31 < \mu < 2{,}09$	$1{,}27 <$
β	1,72 $1{,}31 < \mu < 2{,}13$	1,18 $0{,}83 < \mu < 1{,}53$	0,88 $0{,}62 < \mu < 1{,}14$	1,64 $1{,}26 < \mu < 2{,}02$	$0{,}58 <$
γ	1,86 $1{,}59 < \mu < 2{,}13$	1,98 $1{,}67 < \mu < 2{,}29$	0,78 $0{,}52 < \mu < 1{,}04$	0,46 $0{,}18 < \mu < 0{,}74$	$0{,}79 <$
b	0,14 $0{,}00 < \mu < 0{,}28$	1,38 $1{,}09 < \mu < 1{,}67$	0,78 $0{,}50 < \mu < 1{,}06$	0,52 $0{,}25 < \mu < 0{,}79$	$0{,}90 <$
Ls	0,10 $0{,}02 < \mu < 0{,}18$	—	0,06 $0{,}00 < \mu < 0{,}12$	0,14 $0{,}00 < \mu < 0{,}28$	
Schr	—	—	—	—	
Ball	0,06 $0{,}00 < \mu < 0{,}12$	—	—	0,14 $0{,}04 < \mu < 0{,}24$	$0{,}00 <$
Zelle b					
Gesamt	13,96 $12{,}98 < \mu < 14{,}94$	15,86 $14{,}83 < \mu < 16{,}89$	14,46 $13{,}44 < \mu < 15{,}48$	14,52 $13{,}60 < \mu < 15{,}44$	$17{,}46 <$
α	2,52 $2{,}06 < \mu < 2{,}98$	1,10 $0{,}78 < \mu < 1{,}42$	1,22 $0{,}88 < \mu \times 1{,}56$	1,86 $1{,}45 < \mu < 2{,}27$	$3{,}01 <$
β	5,76 $5{,}23 < \mu < 6{,}29$	6,68 $6{,}01 < \mu < 7{,}35$	4,92 $4{,}38 < \mu < 5{,}46$	6,32 $5{,}74 < \mu < 6{,}90$	$2{,}57 <$
γ	5,40 $4{,}93 < \mu < 5{,}87$	7,64 $7{,}02 < \mu < 8{,}28$	6,52 $5{,}94 < \mu < 7{,}10$	6,04 $5{,}43 < \mu < 6{,}65$	$2{,}91 <$
b	0,14 $0{,}00 < \mu < 0{,}28$	0,22 $0{,}07 < \mu < 0{,}37$	1,58 $1{,}18 < \mu < 1{,}98$	0,06 $0{,}00 < \mu < 0{,}12$	$7{,}31 <$
Ls	0,08 $0{,}00 < \mu < 0{,}16$	0,18 $0{,}00 < \mu < 0{,}36$	0,14 $0{,}00 < \mu < 0{,}28$	—	$0{,}00 <$
Schr	—	—	—	—	
Ball	—	—	0,16 $0{,}01 < \mu < 0{,}31$	0,20 $0{,}00 < \mu < 0{,}40$	$0{,}13 <$
Zelle c					
Gesamt	6,78 $6{,}04 < \mu < 7{,}52$	10,50 $9{,}72 < \mu < 11{,}28$	9,38 $8{,}55 < \mu < 10{,}21$	9,16 $8{,}45 < \mu < 9{,}87$	$11{,}64 <$
α	0,82 $0{,}54 < \mu < 1{,}10$	1,22 $0{,}93 < \mu < 1{,}51$	1,24 $0{,}84 < \mu < 1{,}64$	1,56 $1{,}20 < \mu < 1{,}92$	$0{,}85 <$
β	1,94 $1{,}53 < \mu < 2{,}35$	3,38 $2{,}90 < \mu < 3{,}86$	3,82 $3{,}33 < \mu < 4{,}31$	3,60 $3{,}20 < \mu < 4{,}00$	$2{,}11 <$
γ	3,45 $2{,}97 < \mu < 3{,}93$	4,66 $4{,}17 < \mu < 5{,}15$	3,72 $3{,}31 < \mu < 4{,}13$	3,54 $3{,}15 < \mu < 3{,}93$	$3{,}34 <$
b	0,54 $0{,}24 < \mu < 0{,}84$	1,04 $0{,}69 < \mu < 1{,}39$	0,56 $0{,}18 < \mu < 0{,}94$	—	$3{,}74 <$
Ls	0,10 $0{,}00 < \mu < 0{,}20$	0,20 $0{,}05 < \mu < 0{,}35$	0,10 $0{,}00 < \mu < 0{,}20$	0,16 $0{,}03 < \mu < 0{,}29$	$0{,}18 <$
Schr	—	0,14 $0{,}00 < \mu < 0{,}28$	—	0,16 $0{,}03 < \mu < 0{,}29$	$0{,}21 <$
Ball	—	—	—	0,16 $0{,}03 < \mu < 0{,}29$	$0{,}17 <$

gen des **Md. m** der Katatonen mit ihren Konfidenzbereichen sowie der dazugehörigen Streuungen

	s				
	Bu 3	**Bu 20**	**Bu 1**	**Bu 21**	**Bu 19**
Md. m					
	± 1,41 ± 1,05 < σ < ± 1,77	± 1,54 ± 1,14 < σ < ± 1,94	± 1,55 ±1,15 < σ < ± 1,95	± 1,38 ± 1,02 < σ < ± 1,74	± 1,26 ± 0,94 < σ < ± 1,58
	± 0,82 ± 0,61 < σ < ± 1,03	± 0,83 ± 0,61 < σ < ± 1,05	± 0,83 ± 0,61 < σ < ± 1,05	± 1,06 ± 0,79 < σ < ± 1,33	± 0,92 ± 0,68 < σ < ± 1,16
	± 1,13 ± 0,84 < σ < ± 1,42	± 0,98 ± 0,73 < σ < ± 1,23	±0,72 ± 0,53 < σ < ± 0,91	± 0,97 ± 0,72 < σ < ± 1,22	± 0,76 ± 0,56 < σ < ± 0,96
	± 0,73 ±0,54 < σ < ± 0,92	± 0,86 ± 0,64 < σ < ± 1,08	± 0,71 ± 0,52 < σ < ± 0,90	± 0,75 ± 0,55 < σ < ± 0,95	± 0,97 ± 0,72 < σ < ± 1,22
	± 0,40 ± 0,30 < σ < ± 0,50	± 0,80 ± 0,59 < σ < ± 1,01	± 0,77 ± 0,57 < σ < ± 0,97	± 0,79 ± 0,60 < σ < ± 0,98	± 1,10 ± 0,82 < σ < ± 1,38
	± 0,30 ± 0,25 < σ < ± 0,36	—	± 0,24 ± 0,19 < σ < ± 0,29	± 0,40 ± 0,30 < σ < ± 0,50	—
	—	—	—	—	—
	± 0,24 ± 0,19 < σ < ± 0,29	—	—	± 0,36 ± 0,28 < σ < ± 0,44	± 0,24 ± 0,19 < σ < ± 0,29
0	± 2,68 ± 1,98 < σ < ± 3,37	± 2,80 ± 2,08 < σ < ± 3,52	± 2,78 ± 2,06 < σ < ± 3,50	± 2,54 ± 1,88 < σ < ± 3,20	± 3,60 ± 2,67 < σ < ± 4,53
	± 1,28 ± 0,95 < σ < ± 1,61	± 0,88 ± 0,65 < σ < ± 1,11	± 0,93 ± 0,69 < σ < ± 1,17	± 1,14 ± 0,85 < σ < ± 1,43	± 1,62 ± 1,21 < σ < ± 2,03
	± 1,46 ± 1,08 < σ < ± 1,84	± 1,83 ± 1,36 < σ < ± 2,30	1,49 ± 1,11 < σ < ± 1,87	± 1,57 ± 1,17 < σ < ± 1,97	± 1,36 ± 1,01 < σ < ± 1,71
	± 1,29 ± 0,92 < σ < ± 1,66	± 1,70 ± 1,26 < σ < ± 2,14	± 1,59 ± 1,18 < μ < ± 2,00	± 1,66 ± 1,23 < σ < ± 2,09	± 1,34 ± 0,99 < σ < ± 1,69
	± 0,40 ± 0,30 < σ < ± 0,50	± 0,62 ± 0,50 < σ < ± 0,74	± 1,09 ± 0,81 < σ < ± 1,37	± 0,26 ± 0,21 < σ < ± 0,31	± 1,88 ± 1,40 < σ < ± 2,36
	± 0,26 ± 0,20 < σ < ± 0,32	± 0,65 ± 0,50 < σ < ± 0,80	± 0,40 ± 0,30 < σ < ± 0,50	—	± 0,69 ± 0,52 ± σ < ± 0,86
	—	—	—	—	—
	—	—	± 0,46 ± 0,35 < σ < ± 0,57	± 0,60 ± 0,49 < σ < ± 0,71	± 1,05 ± 0,78 < σ < ± 1,32
4	± 2,02 ± 1,50 < σ < ± 2,54	± 2,13 ± 1,58 < σ < ± 2,68	± 2,25 ± 1,67 < σ < ± 2,83	± 1,96 ± 1,46 < σ < ± 2,46	± 2,21 ± 1,64 < σ < ± 2,78
	± 0,78 ± 0,58 < σ < ± 0,98	± 0,79 ± 0,58 < σ < ± 1,00	± 1,10 ± 0,82 < σ < ± 1,38	± 0,97 ± 0,72 < σ < ± 1,22	± 0,92 ± 0,68 < σ < ± 1,16
	± 1,12 ± 0,83 < σ < ± 1,41	± 1,32 ± 0,98 < σ < ± 1,66	± 1,32 ± 0,98 < σ < ± 1,66	± 1,09 ± 0,81 < σ < ± 1,37	± 1,43 ± 1,06 < σ < ± 1,80
	± 1,32 ± 0,98 < σ < ± 1,66	± 1,34 ± 0,99 < σ < ± 1,69	± 1,13 ± 0,84 < σ < ± 1,42	± 1,07 ± 0,79 < σ < ± 1,35	± 1,17 ± 0,87 < σ < ± 1,47
	± 0,83 ± 0,62 < σ < ± 1,04	± 0,98 ± 0,73 < σ < ± 1,23	± 1,03 ± 0,76 < σ < ± 1,30	—	± 0,99 ± 0,73 < σ < ± 1,25
	± 0,31 ± 0,23 < σ < ± 0,39	± 0,42 ± 0,31 < σ < ± 0,53	± 0,31 ± 0,23 < σ < ± 0,39	± 0,35 ± 0,26 < σ < ± 0,44	± 0,22 ± 0,16 < σ < ± 0,28
	—	± 0,40 ± 0,30 < σ < ± 0,50	—	± 0,35 ± 0,26 < σ < ± 0,44	± 0,19 ± 0,14 < σ < ± 0,24
	—	—	—	± 0,35 ± 0,26 < σ < ± 0,44	± 0,24 ± 0,18 < σ < ± 0,30

for research workers. 10. Aufl. London 1948. — Fünfgeld, E., Über anatomische Untersuchungen bei Dementia praecox mit besonderer Berücksichtigung des Thalamus opticus. Z. ges. Neurol. Psychiatr. **95**, 411—463 (1925). — Ders., Über die pathologische Anatomie der Schizophrenie und ihre Bedeutung. Mschr. Psychiatr. Neurol. **63**, 1—65 (1925). — Ders., Bemerkungen zur Histopathologie der Schizophrenie. Z. ges. Neurol. Psychiatr. **158**, 232 (1937). — Fünfgeld, E. W., Der Nucleus anterior thalami bei der Schizophrenie. J. Hirnforsch. **1**, 146—155 (1954). — Hempel, K.-J., Histopathologische Untersuchungen am Supranucleus medialis dorsalis thalami bei Schizophrenie. J. Hirnforsch. **4**, 205 bis 253 (1958). — Hempel, K.-J., und W. M. Treff, Quantitativ-morphologische Untersuchungen am Supranucleus medialis dorsalis thalami. J. Hirnforsch. **4**, 149—187 (1958). — Dieselb., Über das biokline Verhalten eines subcorticalen Griseums. Ziegl. Beitr. path. Anat. **122**, 155—167 (1960). — Dieselb., Besteht eine Korrelation zwischen dem Nervenzellausfall und den Schwundzellveränderungen bei der Katatonie? J. Hirnforsch. **4**, 479—485 (1960). — Hopf, A., Orientierende Untersuchungen zur Frage patho-anatomischer Veränderungen im Pallidum und Striatum bei der Schizophrenie. J. Hirnforsch. **1**, 96—145 (1954). — Josephy, H., Beiträge zur Histopathologie der Dementia praecox. Z. ges. Neurol. Psychiatr. **86**, 391—485 (1923). — Ders., Die Dementia praecox, aus Bumke, Die Anatomie der Psychosen-Hdb. d. Geisteskrh. IX (VII) 763, Berlin: Springer 1930. — Peters, G., Dementia praecox. Hdb. d. spez. Path. Anat. u. Histol. Henke-Lubarsch-Rössler, 13. Bd., 4. Teil 1—44 Berlin, Göttingen, Heidelberg: Springer 1956. — Richter, D., Schizophrenie. Stuttgart, Georg Thieme 1956. — Treff, W. M. und K.-J. Hempel, Die Zelldichte bei Schizophrenen und klinisch Gesunden. J. Hirnforsch. **4**, 314—369 (1958). — Dieselb., Quantitative Untersuchungen über relative Zell- und Zellkernvolumina bei klinisch Gesunden und Schizophrenen. J. Hirnforsch. **4**, 412 bis 454 (1959). — Dieselb., Zur Frage quantitativ nachweisbarer pathologisch anatomischer Befunde bei der Katatonie: I. und II. Mitteilung. Arch. Psychiatr. Nervenkrh. **199**, 186—197 und 508—518 (1959). — Vogt, O., Der Begriff der Pathoklise. J. Psychol. Neurol. **31**, 245—255 (1925). — Ders., Pathoarchitektonik und Pathoklise. Ref. Zbl. ges. Neurol. **33** (1933). — Vogt, C. und O., Morphologische Gestaltungen unter normalen und pathogenen Bedingungen. J. Psychol. Neurol. **50**, 161—524 (1942). — Vogt, C. und O., Über anatomische Substrate. Ärztl. Forsch. **2**, 1—7 (1948). — Weber, E., Grundriß der biologischen Statistik. Jena: VEB Gustav Fischer 1956.

Anschrift der Verfasser:

Dr. med. W. M. Treff, Institut für Hirnforschung Neustadt/Schwarzwald.

Dr. med. K.-J. Hempel, Pathologisches Institut der Universität Mainz.

Erkrankungsgruppen gleichartig. Quantitative Unterschiede dieser Veränderungen kommen in beiden Gruppen bei den einzelnen Fällen vor. So sind sich z. B. der Fall **Bu 19** der katatonen Erkrankungsgruppe und der Fall **Bu 62** der Paranoiden sehr ähnlich. Außerdem ist der Fall **Bu 7** der paranoiden Erkrankungsgruppe mit dem **Bu 1** der Katatonien rein quantitativ sehr gut vergleichbar.

Es ist zweifelhaft, ob die hier auf Grund der klinischen Diagnose zusammengefaßten Fälle einheitlicher Ätiologie sind. Solange wir nichts über die Krankheitsursache und die sicher damit zusammenhängenden Stoffwechselvorgänge wissen und solange nicht entsprechende Grisea und die mit ihnen in Verbindung stehenden corticalen Anteile bei Schizophrenen in gleicher Weise untersucht sind, wird eine ätiologische Einteilung, wie sie von klinischer Seite gefordert und wünschenswert ist, nicht möglich sein.

Zusammenfassung

Es wurden im medio-dorsalen Thalamuskern des Menschen bei fünf linken Hemisphären kataton Erkrankter und bei drei linken Hemisphären Paranoider die pathologischen Zellveränderungen untersucht und quantitativ ausgewertet.

Die verminderte Zelldichte bei den schizophren Erkrankten zeigte in den Zellpopulationen der einzelnen Nuclei ein korrelatives Verhalten zur Schwere der gleichzeitig vorhandenen sogenannten Schwundzellveränderungen. Die Stärke der Zellerkrankung ist unterschiedlich und hängt von der Krankheitsneigung (Pathoklise) der einzelnen Nervenzellarten ab.

Wesentliche morphologische Unterschiede zwischen den beiden Erkrankungsgruppen konnten in dem untersuchten Griseum nicht herausgearbeitet werden.

Summary

The pathological changes of the nerve cells in the mediodorsal thalamic nucleus of five catatonic and three paranoid schizophrenic patients had been studied in a quantitative and statistical manner, using Nissl stained sections. The reduced density of nerve cells of the different nuclei shows a correlation to the degree of the pathological changes of the single cells, — the so called "fading lcells" (Schwundzellveränderung). The degree of the alterations of nerve cels is different in the various types of nerve cells and depends on the pathoklise (inclination of disease) of the single types of cells.

Essential morphological differences between the catatonic and paranoid disease could not be stated in the medio-dorsal thalamus.

Literaturverzeichnis

Bäumer, H., Veränderungen des Thalamus bei der Schizophrenie, J. Hirnforsch. **1** 156—169 (1954). — David, G. B., Die pathologische Anatomie der Schizophrenie, in D. Richter, Schizophrenie. Stuttgart: Thieme 1956. — Fisher, R. A., Statistical methods

elle 4. Durchschnittliche Zellzahlen und durchschnittliche Beteiligung der pathologischen Zellveränderungen im **Md. vm** mit ihren Konfidenzbereichen und den dazugehörigen Streuungen

	$\bar{x}$		s	
	SK	SP	SK	SP
		Md. vm		
le a				
Gesamt	15,70 $15{,}30 < \mu < 16{,}10$	18,09 $17{,}60 < \mu < 18{,}58$	$\pm 2{,}55$ $\pm 2{,}17 < \sigma < \pm 2{,}73$	$\pm 2{,}33$ $\pm 1{,}98 < \sigma < \pm 2{,}68$
α	4,19 $3{,}97 < \mu < 4{,}41$	8,07 $7{,}33 < \mu < 8{,}81$	$\pm 1{,}37$ $\pm 1{,}21 < \sigma < \pm 1{,}53$	$\pm 3{,}44$ $\pm 2{,}93 < \sigma < \pm 3{,}95$
β	5,46 $5{,}26 < \mu < 5{,}66$	5,53 $5{,}25 < \mu < 5{,}81$	$\pm 1{,}25$ $\pm 1{,}11 < \sigma < \pm 1{,}39$	$\pm 1{,}32$ $\pm 1{,}12 < \sigma < \pm 1{,}52$
γ	5,43 $5{,}22 < \mu < 5{,}64$	3,22 $2{,}69 < \mu < 3{,}75$	$\pm 1{,}27$ $\pm 1{,}12 < \sigma < \pm 1{,}42$	$\pm 2{,}51$ $\pm 2{,}14 < \sigma < \pm 2{,}88$
b	0,58 $0{,}45 < \mu < 0{,}71$	1,00 $0{,}80 < \mu < 1{,}20$	$\pm 0{,}79$ $\pm 0{,}70 < \sigma < \pm 0{,}88$	$\pm 0{,}94$ $\pm 0{,}80 < \sigma < \pm 1{,}08$
Ls	0,03 $0{,}00 < \mu < 0{,}06$	—	$\pm 0{,}22$ $\pm 0{,}20 < \sigma < \pm 0{,}24$	—
Schr	0,02 $0{,}00 < \mu < 0{,}04$	0,33 $0{,}15 < \mu < 0{,}51$	$\pm 0{,}14$ $\pm 0{,}12 < \sigma < \pm 0{,}16$	$\pm 0{,}85$ $\pm 0{,}72 < \sigma < \pm 0{,}98$
Ball	—	—	—	—
e b				
Gesamt	19,70 $19{,}13 < \mu < 20{,}27$	21,48 $20{,}70 < \mu < 22{,}26$	$\pm 3{,}48$ $\pm 2{,}08 < \sigma < \pm 3{,}88$	$\pm 3{,}70$ $\pm 3{,}15 < \sigma < \pm 4{,}25$
α	4,04 $3{,}15 < \mu < 4{,}57$	8,43 $7{,}50 < \mu < 9{,}36$	$\pm 3{,}26$ $\pm 2{,}89 < \sigma < \pm 3{,}63$	$\pm 4{,}38$ $\pm 3{,}73 < \sigma < \pm 5{,}03$
β	7,88 $7{,}60 < \mu < 8{,}16$	7,22 $6{,}72 < \mu < 7{,}72$	$\pm 1{,}73$ $\pm 1{,}53 < \sigma < \pm 1{,}93$	$\pm 2{,}34$ $\pm 2{,}00 < \sigma < \pm 2{,}68$
γ	6,87 $6{,}42 < \mu < 7{,}32$	5,02 $4{,}29 < \mu < 5{,}75$	$\pm 2{,}78$ $\pm 2{,}46 < \sigma < \pm 3{,}10$	$\pm 3{,}46$ $\pm 2{,}95 < \sigma < \pm 3{,}97$
b	0,87 $0{,}73 < \mu < 1{,}01$	0,83 $0{,}65 < \mu < 1{,}01$	$\pm 0{,}84$ $\pm 0{,}74 < \sigma < \pm 0{,}94$	$\pm 0{,}83$ $\pm 0{,}71 < \sigma < \pm 0{,}95$
Ls	0,03 $0{,}00 < \mu < 0{,}06$	—	$\pm 0{,}20$ $\pm 0{,}18 < \sigma < \pm 0{,}22$	—
Schr	—	—	—	—
Ball	—	—	—	—

lle 5. Zusammenstellung der Nuclei des **Md** in Gruppen nach folgenden Gesichtspunkten: 1. Beurteilung der Schwere der pathologischen Veränderungen nach dem ruck bei mikroskopischer Betrachtung (Qualitative Beurteilung). 2. Statistisch gesicherter prozentualer Nervenzellausfall nach Zellzählung (Prozentualer Nz.-Ausfall). ozentualer Gehalt an γ-Formen der Schwundzellveränderungen der jeweiligen Kernpopulation. 4. Prozentualer Gehalt an β- und γ-Formen der Schwundzellenveränderungen

ıclei		0							I							II							III							IV						
		m	im	l	dm	vm	dl	p	m	im	l	dm	vm	dl	p	m	im	l	dm	vm	dl	p	m	im	l	dm	vm	dl	p	m	im	l	dm	vm	dl	p
	1																							im	l	dm			p	m				vm	dl	
	2		im												p			l	dm		dl						vm			m						
	3										l											p				dm				m	im			vm	dl	
	4																								l	dm			p	m	im			vm	dl	
	1																im	l	dm			p						dl		m				vm		
	2		im									dm	vm		p			l			dl		m													
	3										l				p		im									dm		dl		m				vm		
	4									im								l				p				dm		dl		m				vm		
	1																im					p			l			dl		m			dm	vm		
	2									im				dl	p			l	dm	vm										m						
	3																					p		im				dl		m		l	dm	vm		
	4																												p	m	im	l	dm	vm	dl	
	1																	l	dm			p								m	im			vm	dl	
	2									im		dm			p			l		vm								dl		m						
	3																		dm			p		im	l			dl		m				vm		
	4											dm																dl		m	im	l		vm		p
	1									im	l		vm	dl	p				dm				m													
	2									im	l	dm	vm	dl	p	m																				
	3		im	l				p						dl		m			dm	vm																
	4			l			dl	p	m	im		dm								vm																
	1										l		vm	dl					dm			p		im						m						
	2									im		dm	vm	dl	p			l					m													
	3			l			dl	p									im		dm								vm			m						
	4			l											p				dm		dl			im						m				vm		
	1					vm				im	l								dm		dl	p	m													
	2					vm				im	l	dm		dl	p								m													
	3			l		vm		p		im		dm		dl		m																				
	4			l		vm				im					p	m			dm																dl	
	1																								l	dm	vm		p	m	im				dl	
	2									im					p				dm	vm			m		l			dl								
	3																	l				p		im		dm	vm	dl		m						
	4																	l								dm	vm		p	m	im				dl	

pe 0: Kaum sichtbare Veränderungen und Überwiegen der α-Form. Nervenzellausfälle und Gehalt an Schwundzellenveränderungen bis zu 5% der Gesamtpopulation.

pe 1: α-Formen und β-Formen etwa gleich stark. Nervenzellausfälle und Gehalt an Schwundzellveränderungen zwischen 6 und 15%.

Gruppe 2: Überwiegend β-Formen, wenige γ-Formen und selten α-Formen. Nervenzellausfälle und Gehalt an Schwundzellveränderungen zwischen 16 und 25%.

Gruppe 3: β- und γ-Formen etwa gleich stark, kaum noch α-Formen. Nervenzellausfälle und Gehalt an Schwundzellveränderungen zwischen 26 und 35%.

Gruppe 4: Überwiegend γ-Formen, weniger β-Formen. Nervenzellausfälle und Schwundzellveränderungen mehr als 36%.

le 6. Zusammenstellung der Nuclei des **Md** in Gruppen nach der Schwere der Erkrankung auf Grund der errechneten Durchschnittswerte der hier untersuchten Erkrankungsgruppen S—K und S—P. (Aufgliederung siehe Tabelle 5.)

ıclei		0 0–5%							I 6–15%							II 16–25%							III 26–35%							IV < 36%						
		m	im	l	dm	vm	dl	p	m	im	l	dm	vm	dl	p	m	im	l	dm	vm	dl	p	m	im	l	dm	vm	dl	p	m	im	l	dm	vm	dl	p
	2.											dm	vm		p			l		vm	dl		m													
K	3.																im	l				p				dm		dl		m				vm		
	4.																	l			dl	p		im		dm				m				vm		
	2.									im		dm	vm		p			l			dl		m													
P	3.										l			dl	p		im		dm	vm			m													
	4.										l								dm	vm		p		im				dl		m						

Aus der Psychiatrischen Universitätsklinik Waldau/Bern (Prof. M. Müller), Hirnanatomisches Institut (Prof. E. Grünthal)

Das Claustrum des kanadischen Bibers (*Castor canadensis* KUHL) — Struktur und vergleichende Anatomie[1])

Von

G. Pilleri

Mit 23 Abbildungen und einer Tabelle

Eingegangen am 1. März 1961

a) Topographie

Das Claustrum, eine ontogenetisch vielfach bestrittene Struktur, deren funktionelle Bedeutung noch ganz unklar erscheint und bisher sehr wenig untersucht wurde[2]), ist im Gehirn des kanadischen Bibers stark entwickelt. Die topographischen Beziehungen mit benachbarten Griseaformationen und Fasersystemen ergeben sich aus den **Abb. 1—5**. Zwischen Capsula externa, Neo- und Palaeocortex gelegen, reicht das Claustrum rostral weiter nach vorne als der Nucleus caudatus. Vor dem Caput Nuclei caudati ist es breiter und verschmälert sich allmählich kaudal. In der Höhe des Mandelkernkomplexes schiebt es sich, das Putamen lateral flankierend, zwischen Cortex piriformis und dem lateralen Kern der Amygdala ein, wovon es durch die Fasern der Capsula externa getrennt wird.[3]) Eine Capsula extrema ist beim Biber nur angedeutet. Das kaudale Claustrum liegt zwischen dem Neocortex und dem kaudalen Teil des Schwanzkernes. Auf Horizontalschnitten (**Abb. 2**) kommt die beträchtliche rostro-kaudale Ausdehnung des Kernes zur Geltung, der das Corpus striatum schalenartig vorne und lateral flankiert. Bei dieser Schnittebene ist die äußere Kapsel ebenfalls sehr deutlich ausgebildet und stark markhaltig.

---

[1]) Beiträge zur vergleichenden Morphologie des Nagetiergehirns: *11. Beitrag.*

[2]) Eine Zusammenfassung unserer morphologischen und physiologischen Kenntnisse findet sich in den Arbeiten von Rae (siehe Literaturverzeichnis).

[3]) Die Beziehungen des *Claustrum* zum Mandelkern wurden im 10. Beitrag schon besprochen (Acta anatomica).

b) Strukturanalyse

Wie für die in früheren Beiträgen untersuchten Griseaformationen, ziehen wir bei der Strukturanalyse des Bibergehirns Serienpräparate, die mit der schwarzen Reaktion nach Golgi behandelt wurden, der Nissl-Färbung vor. Thioninfärbungen sind dazu notwendig, die cytologische Methode zu ergänzen und topographische Zusammenhänge klar zu definieren.

Bei schwacher Vergrößerung (**Abb. 4—5**) fallen beim Claustrum auf Frontalschnitten zwei Territorien auf: ein zellärmeres medio-basales, das in die Bucht des Cortex piriformis aufgenommen wird, und ein etwas größeres dorso-laterales Territorium, das zellreicher erscheint. Diese Haupteinteilung in *Claustrum dorsale* und *ventrale* kann man in der Frontalserie durch die ganze

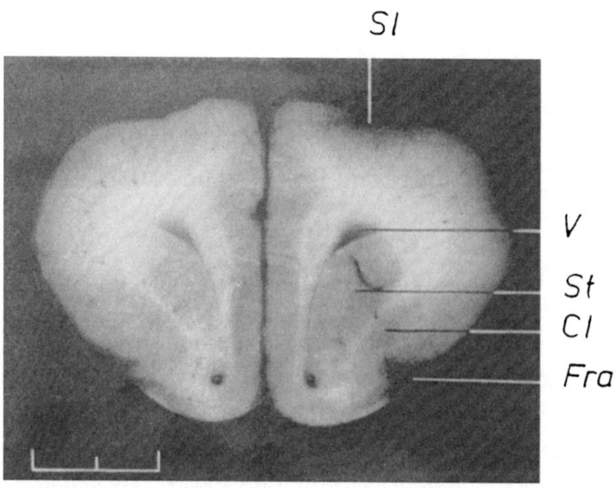

Abb. 1. Makroskopischer Frontalschnitt durch das Claustrum von *Castor canadensis*: Sl = Sulcus lateralis, V = Ventrikel, St = Striatum, Cl = Claustrum, Fra = Fissura rhinalis anterior

Kernformation verfolgen Der dorsale Abschnitt ist durch seinen kompakteren Bau etwas besser vom Neocortex abgegrenzt; zwischen basalem Claustrum und der Hirnrinde ist die Trennung weniger scharf. Im Nissl-Präparat finden sich im Claustrum ventrale große, eher blasse Nervenzellen (**Abb. 7d**), die am häufigsten birnenförmig sind. Die Kerne sind voluminös, chromatinarm, mit einem zentral gelegenen, karminroten Kernkörperchen. Von den Dendriten färben sich nur sehr kurze Ansatzstücke. Im Golgi-Präparat (**Abb. 9,** *1*) ist diese Zellart ebenfalls durch einen plumpen Zellkörper charakterisiert, aus welchem 4—5 Hauptdendriten entspringen, die radiär gerichtet sind und sich meistens bald nach der Ursprungsstelle verzweigen. Ein Dendrit fällt durch sein dickeres Kaliber manchmal auf, er verläuft eine Strecke ungeteilt und verästelt sich weiter distal. Neben diesen großen Zellelementen finden sich etwas kleinere, multipolare Zellen, die aber morphologisch ähnlich beschaffen sind. Die Axone sind bei manchen Zellen mit einem Ursprungskegel versehen, bei den meisten entspringen sie gemeinsam mit den Dendriten, wovon sie sich durch den mehr gestreckten Verlauf, das dünnere Kaliber und die glatte Beschaffenheit leicht unterscheiden.

Im Nissl-Präparat sieht man außer den verstreuten großen und kleinen Hauptzellen vor allem im medialen und lateralen Teil des Claustrum ventrale einzelne isolierte Anhäufungen von kleinen schlanken Nervenzellen, die sich

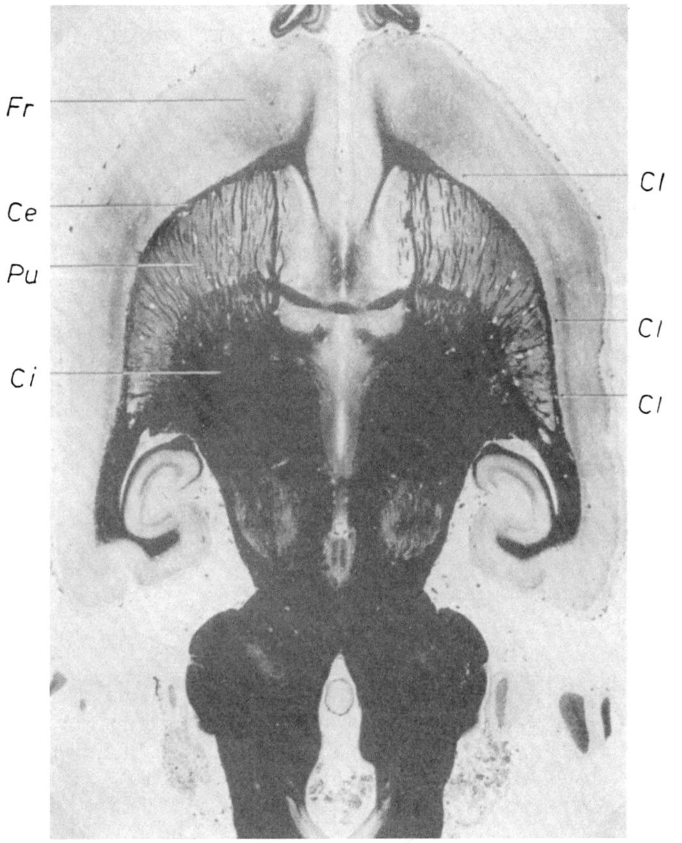

Abb. 2. Horizontalschnitt durch das Bibergehirn (Heidenhain-Woelcke, Übersichtspräparat): Fr = Frontalrinde, Ce = Capsula externa, Pu = Putamen, Ci = Capsula interna, Cl = Claustrum

dunkel anfärben und polymorph, stern-, pyramiden- oder spindelförmig erscheinen. Die Kernstruktur ist durch das dunkle Tigroid oft verschattet. Im Golgi-Präparat (**Abb. 8; 9, 4**) weisen sie einen spindelförmigen Körper auf, aus welchem Büschel von einzelnen zarten Dendriten abgehen. Das Auftreten eines sehr feinen Neuriten spricht für die nervöse Natur dieser Elemente. Im Bereich des Claustrum dorsale kann man im Nissl-Präparat drei cytoachitektonische Territorien (**Abb. 7**) unterscheiden. Sie sind keineswegs durch eine oder besondere Zellarten voneinander verschieden, vielmehr ist entweder die besondere Häufigkeit oder die Lagerung der Zellelemente eine charakteristische morphologische Konstante. Es gibt hier aber keine Zelle, die feldspezifisch wäre. Somit unterteilen wir das Claustrum dorsale (**Abb. 6**) in eine dorsale (A), eine laterale (B) und eine kleine mediale (C) Zone. In der dorsalen Zone überwiegen polyedrische und sternförmige Elemente (**Abb. 4, 5**), in der lateralen Zone sind die Zellen etwas zahlreicher, mehr spindelförmig, und haben manchmal die Tendenz, sich parallel zu stellen (Faserverlauf!), im medialen Randgebiete kommen mehr ovale, sehr blasse und kleinere Zellen vor. Diese kleine Zellform im medialen Gebiet ist tigroidarm, von rundlicher bis ovaler

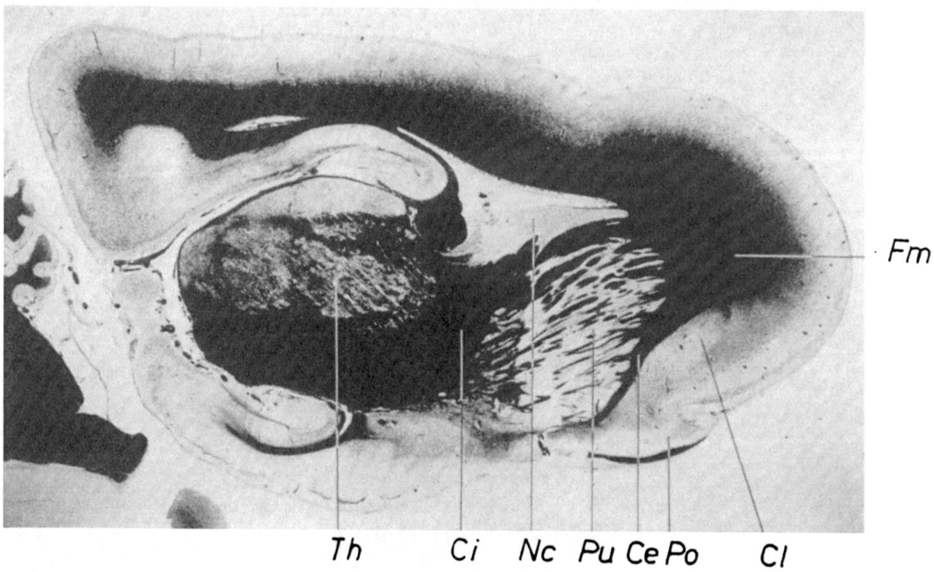

Abb 3. Parasagittalschnitt durch das Bibergehirn, den Kopf des Claustrum treffend (Heidenhain-Woelcke, Übersichtspräparat): Fm = Frontalmark, Cl = Claustrum, Po = Pedunculus olfactorius, Ce = Capsula externa, Pu = Putamen, Nc — Nucleus caudatus, Ci = Capsula interna, Th — Thalamus

Form, die Kern-Plasma-Relation ist zugunsten des großen, blasigen, chromatinarmen Kernes verschoben; das Kernkörperchen ist kleiner als bei den später beschriebenen Elementen und oft unregelmäßig zerklüftet. Nur bei den spindelförmigen Exemplaren kann man die Ansatzstelle der Dendriten erkennen, sonst weisen diese Zellen im Nissl-Präparat ganz abgerundete Ränder auf (**Abb. 7c**). Sie lassen sich im erwachsenen Gehirn mit der Methode von Golgi selten imprägnieren. In der gleichen Längsrichtung des Nervenfortsatzes entsenden sie einen plasmatischen Fortsatz von beträchtlicher Länge, der weiter distal sekundäre Äste abgibt (**Abb. 10**). Die in der Nähe des Axons entspringende Dendriten sind schlanker und kürzer. Die übrigen zwei Zonen des dorsalen Claustrums sind in bezug auf die Zellformen auffallend heteromorph, und eine Differenzierung der einzelnen Bauelemente gelingt am besten unter Zuhilfenahme der schwarzen Reaktion von Golgi. Es finden sich hier auch große Zellen (**Abb. 11**), die im wesentlichen denen des Claustrum ventrale ähneln. Sie haben einen plumpen Körper und radiär gerichtete, etwas kräftigere Dendriten, wovon die dicksten sich weiter verästeln. Der Neurit ist

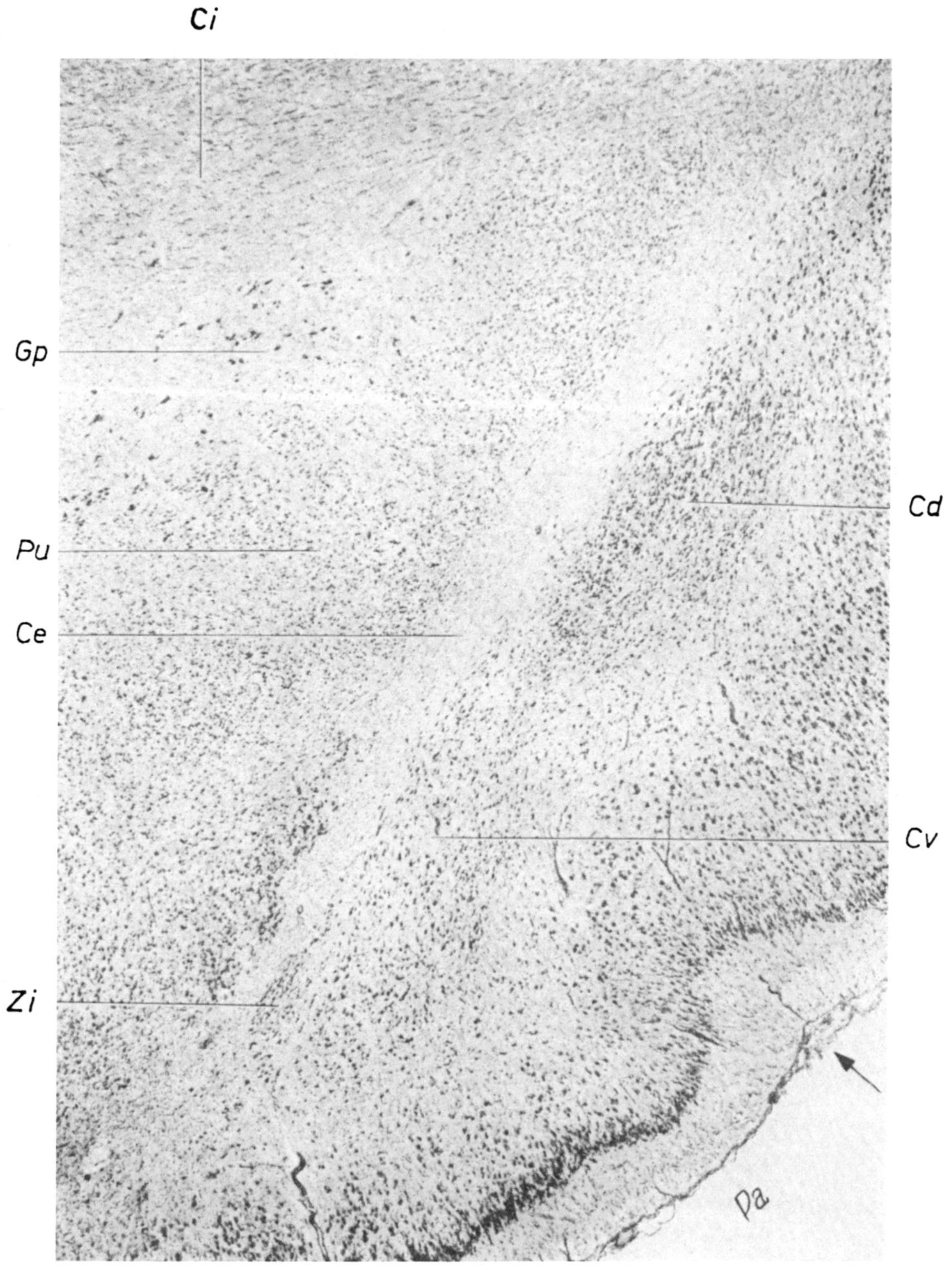

Abb. 4. Zellpräparat der Claustrumformation (Celloidin-Schnitt, Thioninfärbung): Gp = Globus pallidus, Pu = Putamen, Ce = Capsula externa, Cd = Claustrum dorsale (Mit den 2 Zonen), Cv — Claustrum ventrale, Pa – Palaeocortex Zi — Zellinsel der ventralen E-Zone, ↑ — Fissura rhinalis

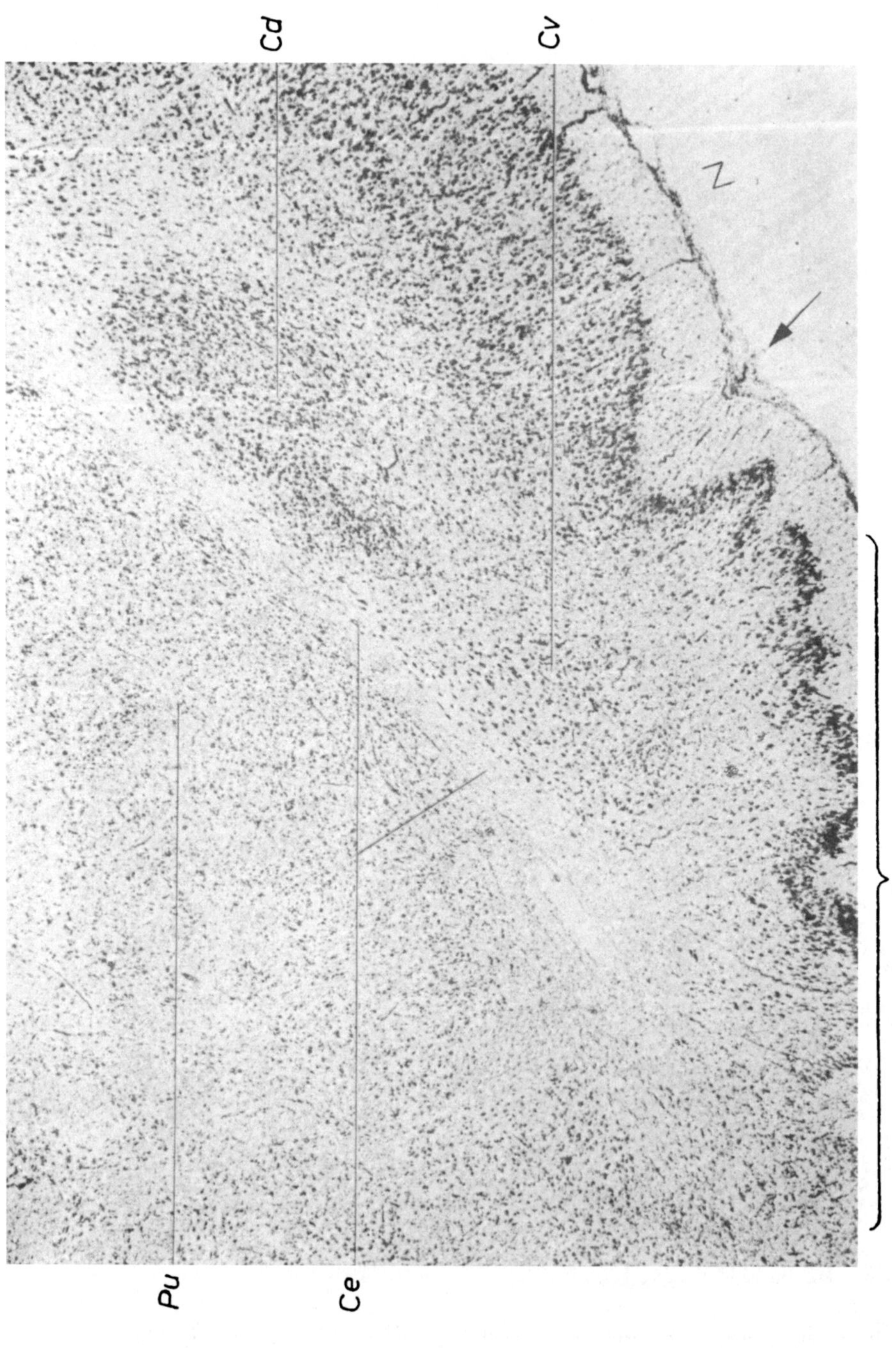

Abb. 5. Zellpräparat der Claustrumformation, kaudaler als bei Abb. 4 geführt (Celloidinschnitt, Thioninfärbung): Pu = Putamen, Ce = Capsula externa, Cd = Claustrum dorsale, Cv = Claustrum ventrale, Pa = Palaeocortex, N = Neocortex, ↑ = Fissura rhinalis (palaeo-neocorticalis)

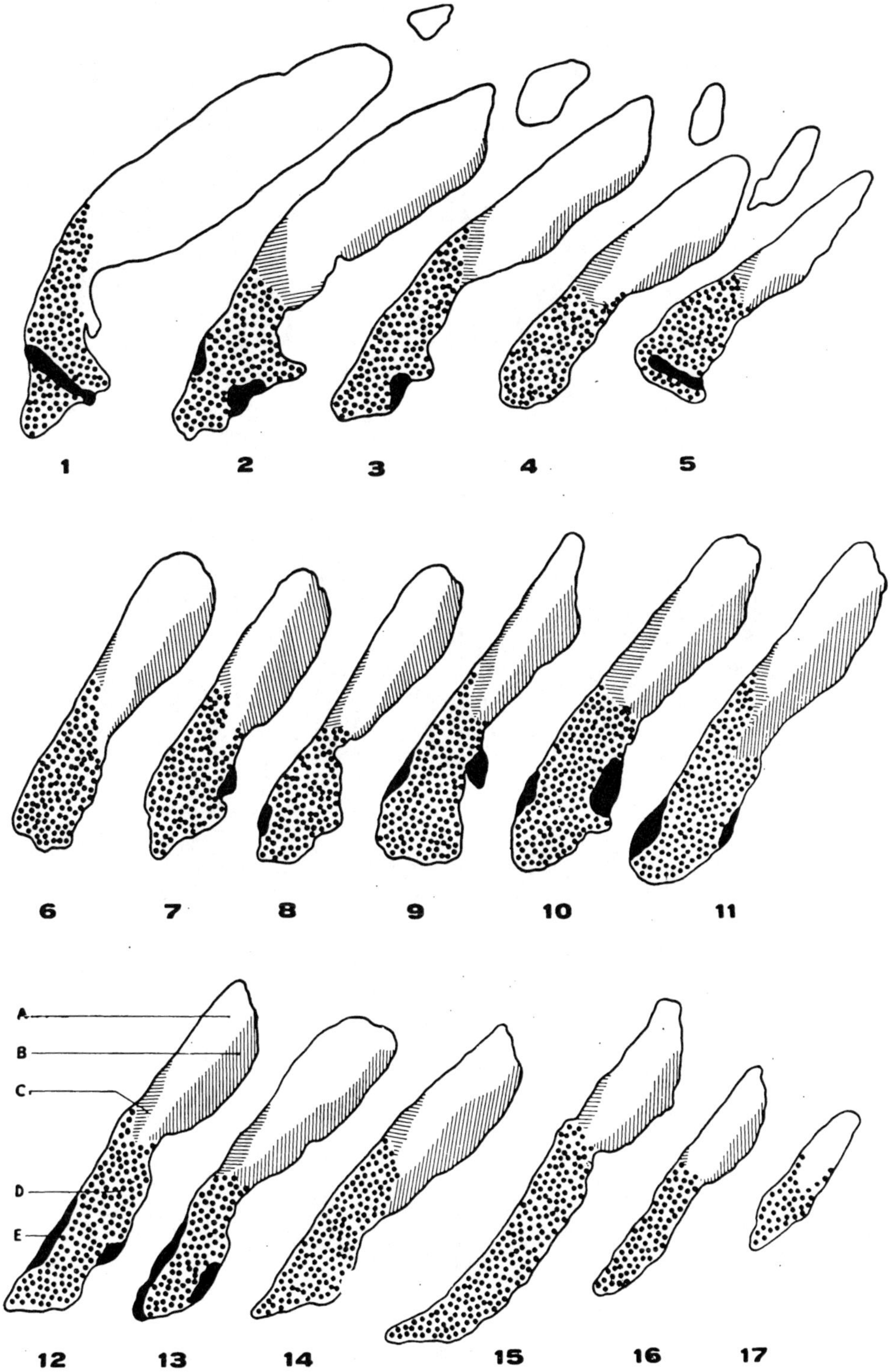

Abb. 6. Rostro-kaudale Topographie der Claustrumzonen: A = dorsale, B = laterale, C = mediale Zone des Claustrum dorsale, D = Claustrum ventrale (Hauptgebiet), E = Zellnester im Claustrum ventrale

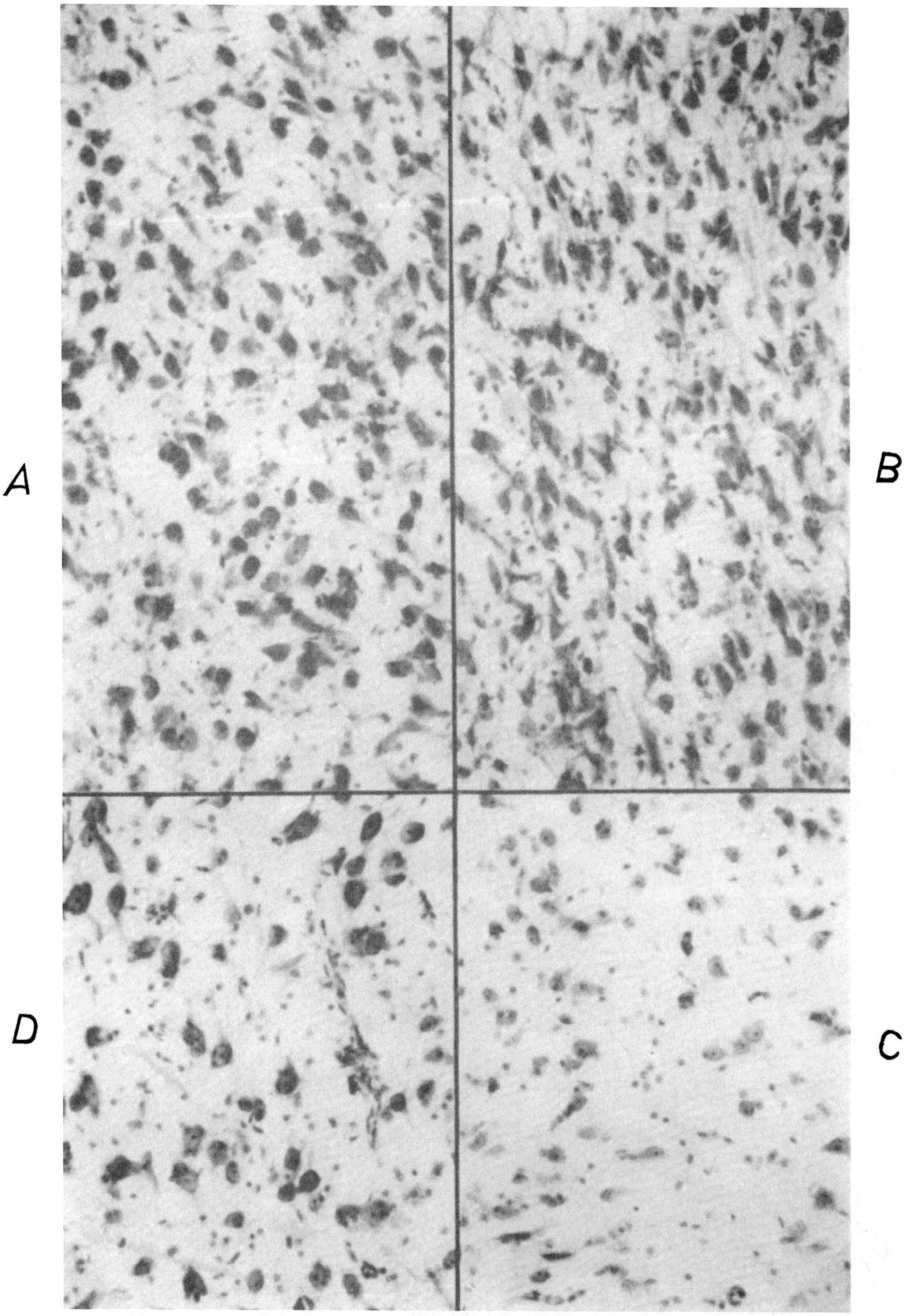

Abb 7. Cytoarchitektonik der Claustrumareale. Die Buchstaben entsprechen der Einteilung auf Abb. 6 (Thionin, 20 μ, 200 $\times$)

deutlich, entspringt unter den plasmatischen Fortsätzen, ist regelmäßig glatt und weniger als diese gewunden. Eine zweite Ganglienzellart (**Abb. 12**) hat einen kleineren Leib von pyramidaler oder unregelmäßig spindeliger Form

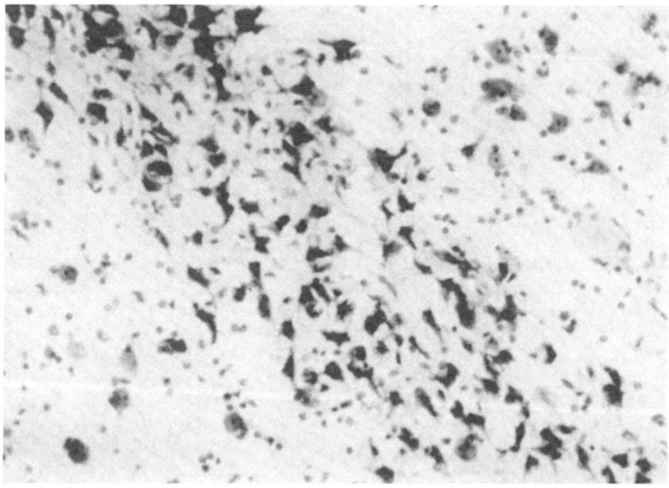

Abb. 8. Zellnest (Zone E) im ventralen Claustrum des kanadischen Bibers (Thionin, 20 μ, 200 ×)

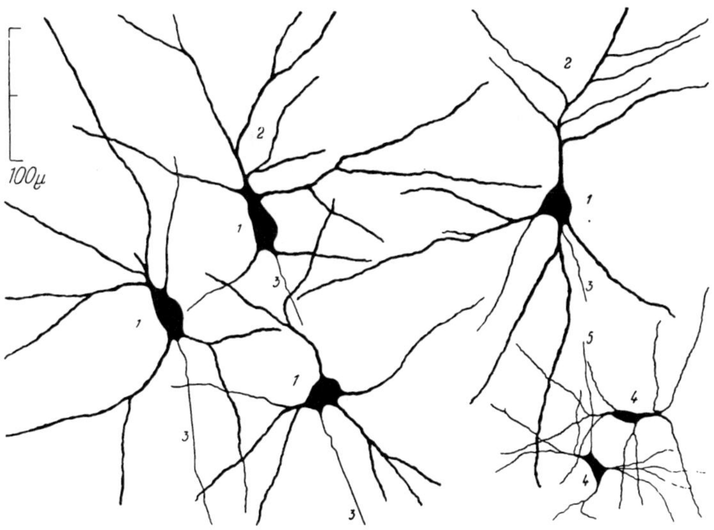

Abb. 9

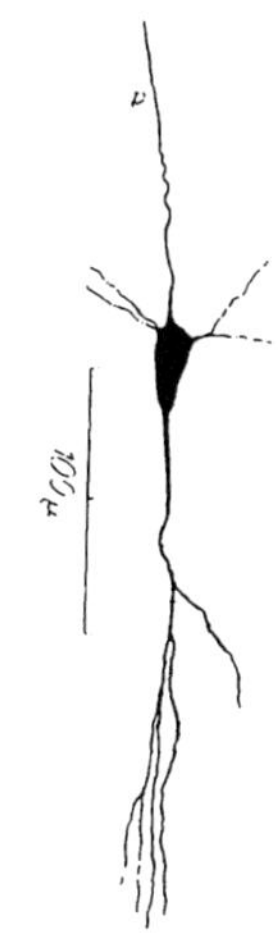

Abb. 10

Abb. 9. Cytologie des Claustrum ventrale des kanadischen Bibers nach Golgi-Präparaten gezeichnet: 1 = große multipolare Nervenzellen mit Dendriten (2) und Neurit (3), 4 = kleine multipolare Zelle an der E-Zone mit Neurit (5)

Abb. 10. Nervenzellen aus der medialen Randzone des Claustrum dorsale des kanadischen Bibers: a = Neurit (nach Golgi-Präparaten gezeichnet)

und trägt meist drei bis vier gleichkalibrige Hauptdendriten, aus denen sich Seitenäste bilden. Der Neurit hat einen deutlich isolierten Ursprungskegel. Diese Zellen sind im Nissl-Präparat durch Tigroidreichtum und einen ziemlich großen, runden Nucleolus erkennbar und bilden die Hauptzellmasse in der dorsalen Zone.

Zwischen diesen und den auf **Abb. 13** dargestellten Nervenzellen bestehen fließende Übergänge. Als weniger häufiges Element findet sich eine Nervenzelle von pyramidenähnlichem Charakter, mit schlanken basalen, kürzeren Dendriten und einem dickeren, sehr langen distalen plasmatischen Fortsatz von rauher Beschaffenheit, der sich terminal dichotomisch verästelt (**Abb. 14**).

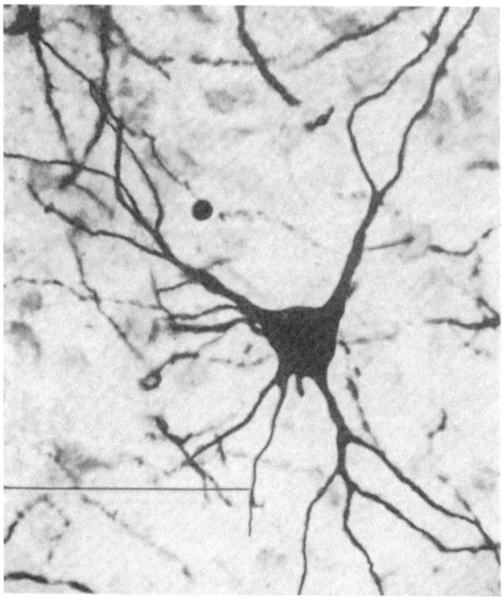

Abb. 11. Große, multipolare Nervenzelle des Claustrum dorsale: N = Neurit (Golgi-Präparat)

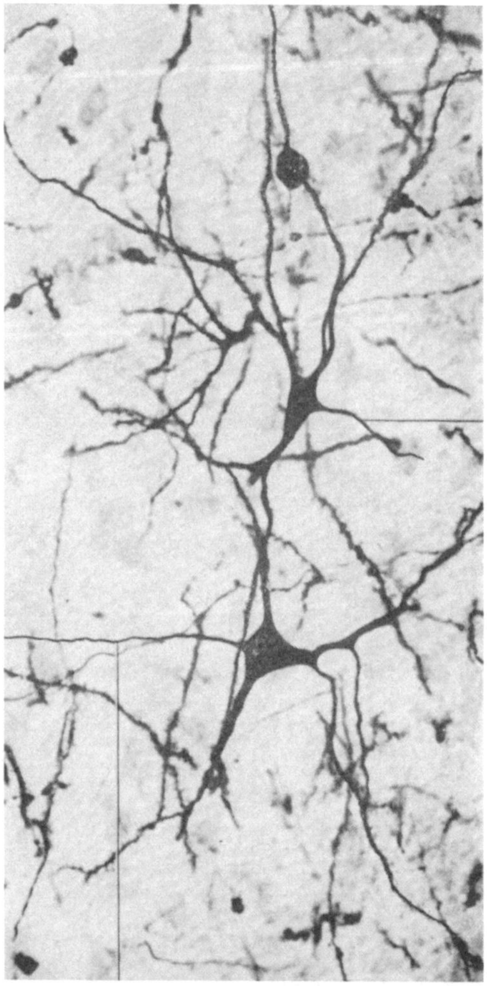

Abb. 12. Mittelgroße, multipolare, sternförmige Nervenzellen im Claustrum dorsale: N = Neurit (Golgi-Präparat)

Die auf **Abb. 15** dargestellte letzte Ganglienzellform weist einen spindelförmigen Zellkörper auf, der meistens drei Büschel von sehr zarten Dendriten besitzt. Der Achsenzylinder verläßt zusammen mit den Dendriten den Zellkörper ohne Bildung eines deutlichen Ursprungskegels. Auf **Abb. 16** sind sämtliche Zellarten des Claustrums schematisch wiedergegeben.

c) Vergleichend-morphologische Untersuchungen

Nach dieser topographischen und systematisch-morphologischen Beschreibung der Claustrumstruktur liegt eine zweite Aufgabe darin, zu prüfen, ob es sich beim Biberclaustrum um ein primitiv oder differenziert gebautes Griseum handelt. Darüber gibt der Vergleich der Struktur mit der anderer

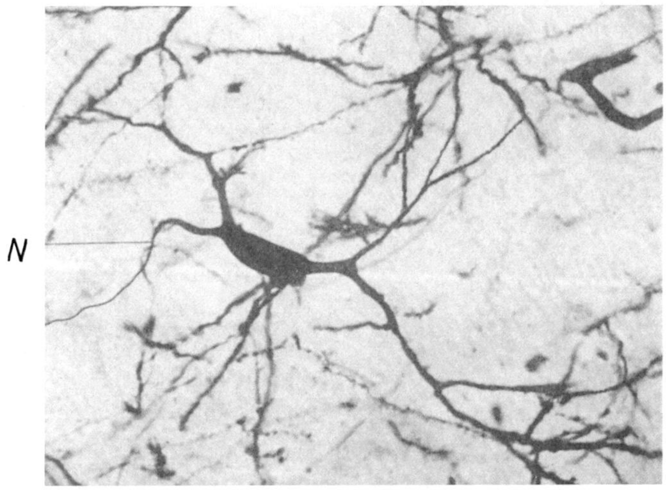

Abb. 13. Mittelgroße, multipolare Nervenzelle im Claustrum dorsale mit längs-ovalem Zellkörper: N Neurit (Golgi-Präparat)

Nagerarten Aufschluß. Für die vergleichende Untersuchung dienten 15 μ dicke Serienschnitte, die in Celloidin eingebettet mit Thionin angefärbt wurden. Sie stammen aus den Gehirnen folgender 11 Nagerarten:

Sciuromorpha
- *Aplodontia rufa*
- *Marmota flaviventris*
- *Marmota marmota*
- *Sciurus niger*

Hystricomorpha
- *Hystrix cristata*
- *Erethizon dorsatum*
- *Chinchilla laniger*
- *Dolichotis patagona*
- *Myocastor coypus*

Myomorpha
- *Mus musculus*
- *Ondatra zibethica*

Aplodontia rufa Rafinesque

Die Claustrumformation dieses primitivsten Nagers ist nur medial und oral gegen die Capsula externa und den Palaeocortex abgrenzbar. Mit dem Isocortex erscheint das Claustrum innig verwachsen. Das Claustrum ventrale ist schwach entwickelt. Im Claustrum dorsale ist eine ventro-laterale Area nicht sichtbar, da man den Isocortexanteil davon schwer abtrennen kann. Das Claustrum dorsale besteht aus plump gebauten, tigroidreichen, multipolaren Nervenzellen. Sie enthalten große Kerne, deren Membran bei vielen Exemplaren die Grenze des Zellsoma berührt; die Kernkörperchen sind unregelmäßig und oft exzentrisch gelegen. Neben solchen Zellen treten kleine Elemente auf, die tigroidarm sind und eine ovale Form

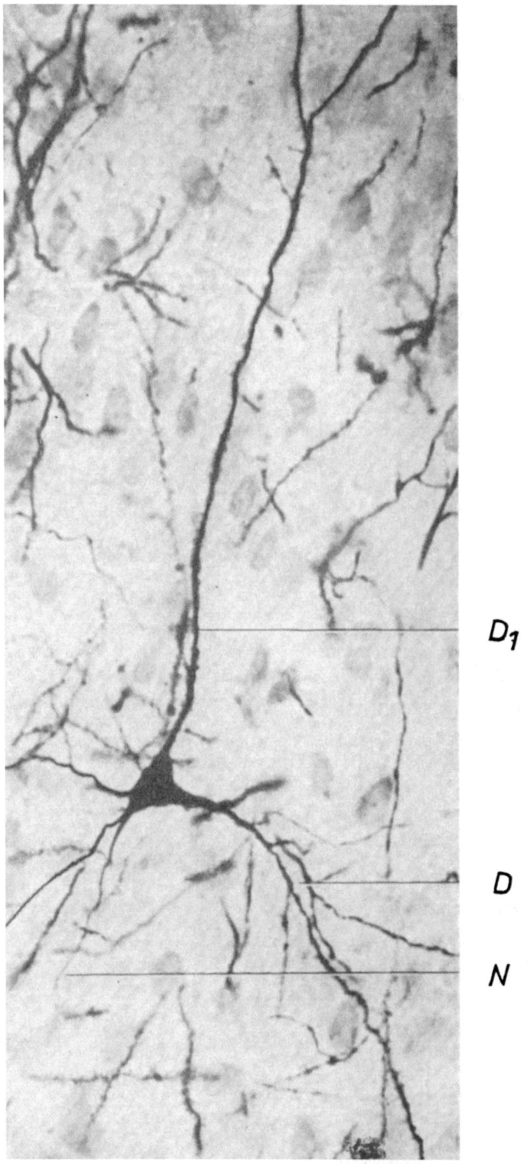

Abb. 14. Pyramidenartige Nervenzelle im Claustrum dorsale mit apikalem Riesendendrit (D_1): D – basale Dendriten, N – Axon (Golgi-Präparat)

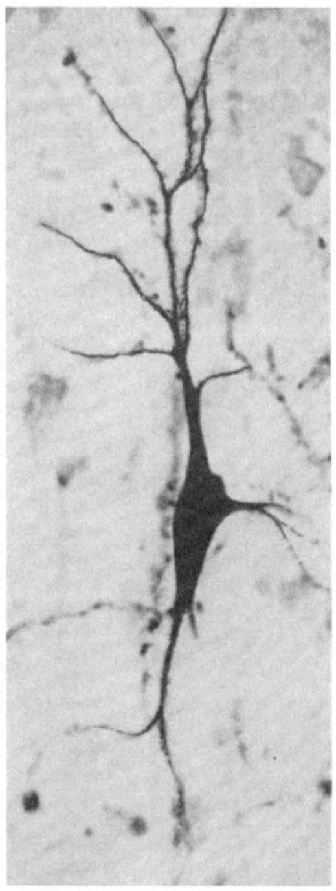

Abb. 15. Spindelförmige Nervenzelle im Claustrum dorsale (Golgi-Präparat)

aufweisen. Zwischenformen kommen im Thioninpräparat vor. Im dürftig ausgebildeten Claustrum ventrale kann man ebenfalls zwei gleiche extreme Zellformen mit Zwischenstadien diagnostizieren.

Sciurus niger Linnaeus

Das Claustrum dieser Art ist nur durch das Mark einer breiten Capsula externa an der medialen Seite deutlich abgegrenzt. Mit dem Isocortex erscheint es, wie bei der *Aplodontia rufa*, innig verwachsen. Das Claustrum dorsale ist

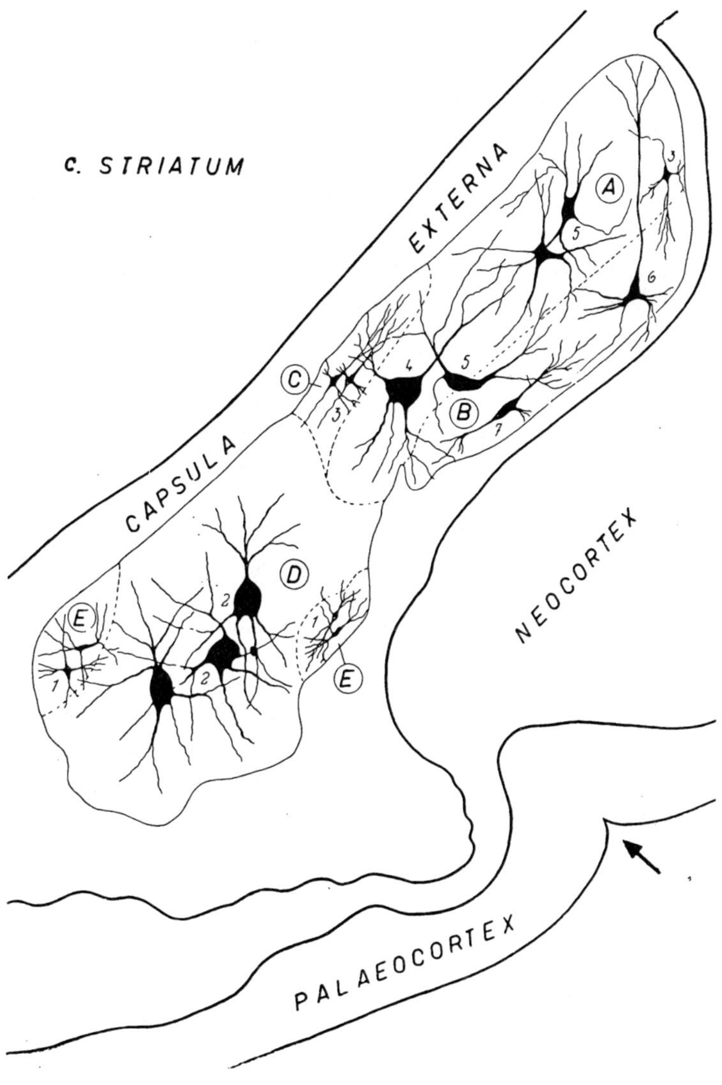

Abb. 16. Zellkategorien des Claustrum von *Castor canadensis* Kuhl, schematisch nach Golgi-Präparaten dargestellt. Die cytoarchitektonische Felderung ist proportional gezeichnet, die Zellen sind größer eingetragen. Pfeil = Grenze zwischen Palaeo- und Neocortex

ausgedehnt, der ventrale Teil stark reduziert und etwas locker gebaut. Eine weitere Gliederung ist nicht durchführbar, es gehen auch beide Teile ohne Grenze allmählich ineinander über. Im Claustrum dorsale kommen im Nissl-Präparat große, mittlere und kleine Zellen mit Übergangsformen vor. Die großen Zellen sind tigroidreich, multipolar, rundlich-oval oder plump dreieckig, die Kerne sind strukturarm und enthalten ziemlich große Kernkörperchen. Bei den kleinen Elementen ist die Kern-Plasma-Relation zugunsten des Kernes auffallend. Im Claustrum ventrale finden sich die gleichen Bauelemente in relativ geringerer Zahl vertreten.

Marmota flaviventris Audubon und Bachmann

Die ganze Claustrumformation ist gedrungener als beim kanadischen Biber und erscheint deswegen zellreicher. Die Grenze ist nur gegen die Capsula interna scharf, welche deutlich ausgeprägt ist.

Der dorsale Teil (**Abb. 17, a**) ist zellreicher als das Claustrum ventrale (**Abb. 17, b**), besteht aber aus den gleichen Zellelementen. Sowohl gegen die Capsula als auch im Bereich der claustro-neocortikalen Grenzzone sind die Zellen entsprechend dem Faserverlauf länglicher gestaltet und etwas tigroidärmer. Die Nervenzellen sind sonst birnenförmige bis polyedrische multipolare Elemente, deren große helle Kerne wie ausgestanzt in reichlicher Tigroidsubstanz erscheinen. Das kleine Kernkörperchen liegt zentral, selten sind zwei Kernkörperchen vorhanden. Die Dendriten bleiben in ihrem Anfangsteil meistens ungefärbt. Im Nissl-Präparat ist eine mittelgradige Anisocytose deutlich; bei verschiedener Größe weisen aber die Nervenzellen keine qualitativen Unterschiede auf.

Marmota marmota Linnaeus

Das Claustrum ist im ganzen etwas reduziert, der dorsale Abschnitt ist nur auf der medialen Seite durch die Fasern der äußeren Kapsel deutlich abgegrenzt. Gegen den Isocortex bestehen fließende Übergänge. Das Claustrum ventrale ist etwas zellärmer. In beiden Teilen kommen die gleichen Ganglienzellen vor. Es finden sich wie beim *Sciurus niger* größere, mittlere und kleinere Zellen, die auch strukturell denen von *Sciurus niger* sehr ähneln.

Hystrix cristata Cuvier

Die Claustrumformation ist ausgedehnt und bildet auf dem Frontalschnitt um die tiefe Einkerbung der Fissura rhinalis einen nach außen stark konvexen Bogen. Das Claustrum dorsale ist stärker entwickelt als das ventrale und zellreicher; man vermißt jedoch den kompakten Bau primitiver Nagerarten. Im dorsalen Claustrum werden zwei cytoarchitektonische Abschnitte deutlich abgegrenzt: eine dorsale und eine ventro-laterale Zone. Sowohl im Claustrum dorsale als auch im ventrale dominiert eine große, plumpe und tigroidreiche, multipolare Zellform. Die Leiber solcher Zellen sind unregelmäßig abgerundet oder birnenförmig. Die Kerne sind zentral gelegen und von breiten Tigroidmänteln umgeben, sie enthalten 1—2 Kernkörperchen.

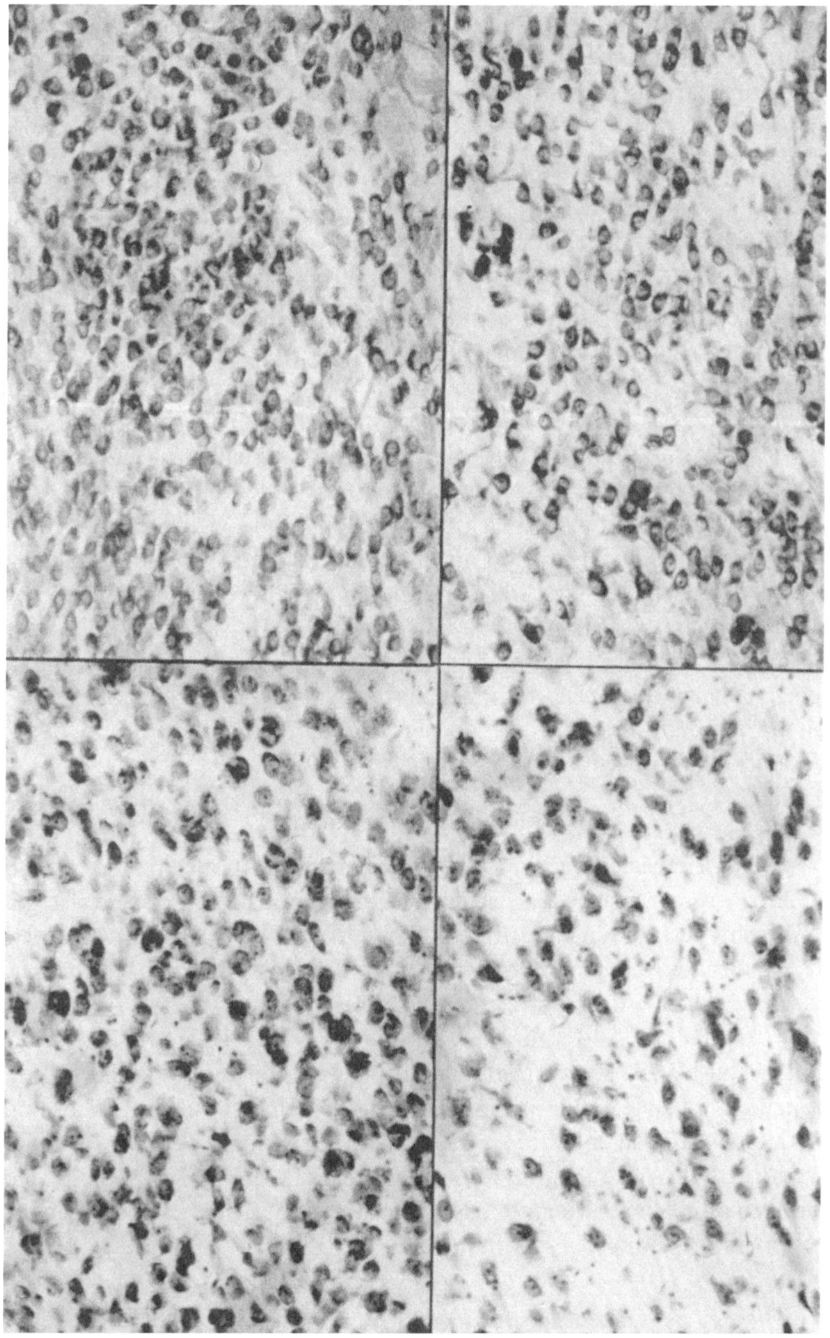

Abb. 17. Zellpräparat des Claustrum dorsale (a) und ventrale (b) von *Marmota flaviventris* und *Sciurus niger* (a_1, b_1). (Celloidin, Thionin, 20 μ, 200 ×)

Im dorsalen Teil treten außerdem halb so große Nervenzellen auf, die plasma- und tigroidarm sind und deren Leib fast ganz vom Kern eingenommen wird. In der lateralen Zone des Claustrum dorsale kommen spindelige, sehr schlanke Formen vor. Das Claustrum ventrale enthält außer den großen Zellelementen mindestens noch eine Ganglienzellart, die wie im dorsalen Teil kleiner, blasser, tigroid- und plasmaärmer erscheint. Eine weitere Differenzierung ist anhand des Thioninpräparates nicht möglich.

Erethizon dorsatum Linnaeus

Die ganze Claustrumformation ist von den benachbarten Griseaterritorien deutlich abgrenzbar. Das Claustrum dorsale fällt durch größeren Zellreichtum auf und läßt zwei cytoarchitektonische Areale erkennen, ein dorso-mediales und ein latero-basales Areal. Zwischen diesem und dem Isocortex kommt es zur Bildung einer schwachen Capsula extrema. Die zellulären Elemente sind heteromorph, allerdings nicht in dem Ausmaß wie beim Biber. Die Nervenzellen des Claustrum ventrale sind verschieden groß und verschieden tigroidreich, sie können stern-, pyramiden-, spindelförmig oder oval sein. Eine Systematisierung der Formen, die untereinander Übergänge aufweisen, ist im Nissl-Präparat nicht durchführbar. Aus dem Vergleich mit anderen Arten hat man den Eindruck, daß hier mindestens zwei Ganglienzellarten vorkommen. Das gleiche gilt für die dorso-mediale Zone des Claustrum dorsale, deren Zellelemente am häufigsten eine plump-ovale Form aufweisen; das Tigroid dieser Zellen ist gleichmäßig hell und verschattet oft die Randstruktur der mittelgroßen Kerne. Hingegen besteht die latero-basale Zone aus schlanken, spindelförmigen Nervenzellen, deren ovale Kerne eine deutliche Membran erkennen lassen.

Chinchilla laniger Molina

Das Claustrum ist bei dieser Art vor allem in dessen dorsalem Abschnitt deutlich abgegrenzt, wo die Nervenzellen eine kompakte, auf Frontalschnitten fast senkrecht gestellte Anhäufung bilden (**Abb. 18, a**). Die Capsula externa ist zart. Zwischen Claustrum dorsale und ventrale ist die Kernformation stark eingeschnürt, so daß fast zwei getrennte Areale entstehen. Im Claustrum ventrale (**Abb. 18, b**) sind die Nervenzellen lockerer gelagert. Im Thioninpräparat besteht das Claustrum dorsale nur aus einer in der Größe sehr leicht schwankenden Zellart. Es handelt sich um tigroidreiche, multipolare Elemente, die mittelgroße Kerne mit einem deutlichen zentralen Nucleolus enthalten. Im Claustrum ventrale treten außerdem blasse, tigroidarme und kleinere Nervenzellen mit einem kleineren Nucleolus auf, die in den sonstigen Merkmalen den ersten ähnlich beschaffen sind.

Dolichotis patagona Zimmermann

Das Claustrum des Pampashasen ist im dorsalen Abschnitt deutlich abgegrenzt. Der dorsale Teil ist zellreicher als der ventrale Abschnitt, und beide sind gut entwickelt. Das Claustrum dorsale ist im rostralen Gebiet zellreicher als im kaudalen. In der Frontalebene des Mandelkernes (Hauptkern) ist die gesamte Formation in dorso-oraler Richtung sehr ausgedehnt und flankiert das Striatum vollständig; das Claustrum dorsale reicht weiter oralwärts und

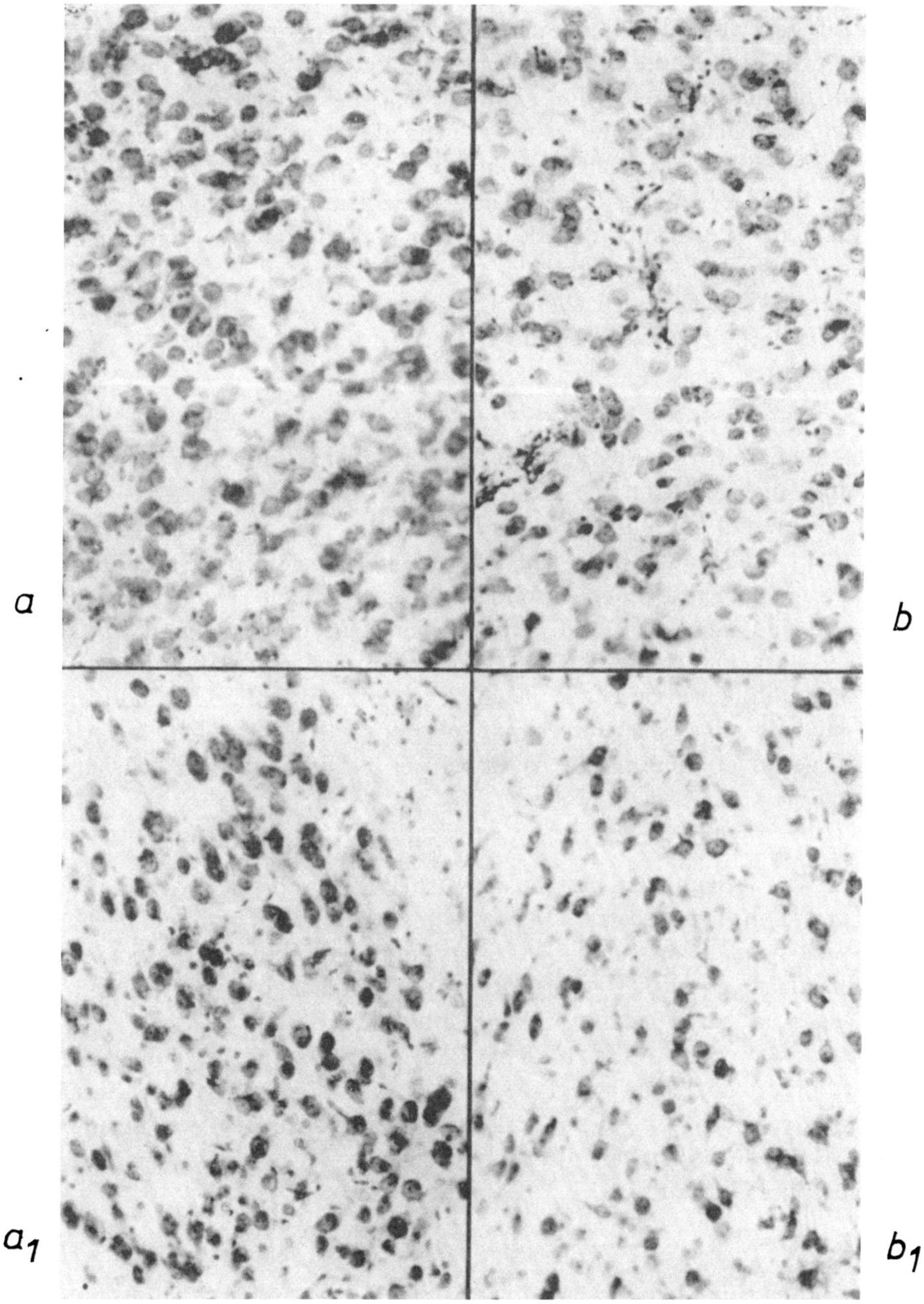

Abb. 18. Zellpräparate des Claustrum dorsale und ventrale von *Chinchilla laniger* (a, b) und *Myocastor coypus* (a_1, b_1). (Celloidin, Thionin, 20 μ, 200 ×)

wird durch Faserzüge etwas aufgelockert. Im Claustrum dorsale ist keine cytotektonische Einteilung möglich. Lediglich im dorso-lateralen Teil weisen die Randzellen durch vorbeiziehende Fasern eine abgeplattete Form auf. Das Claustrum ventrale umfaßt zwei Gebiete, ein medio-rostrales und ein latero-kaudales, die aus verschiedenen Zellen bestehen. Im Claustrum dorsale finden sich vorwiegend plumpe, große, mit groben Tigroidschollen versehene Nervenzellen; die Kerne sind hell mit körnigem Chromatin und unregelmäßigem Kernkörperchen. Die Zellränder sind bei vielen Exemplaren leicht zerklüftet. Daneben kommen kleinere, mehr abgerundete Ganglienzellen vor, die weniger Tigroid enthalten. Im Nissl-Präparat finden sich zwischen beiden Zellen deutliche Übergangsformen. Die Bauelemente des medio-rostralen Abschnittes vom Claustrum ventrale sind im Nissl-Präparat von denen des dorsalen Teiles nicht zu unterscheiden. Die kleinere Zellform findet sich hier viel seltener. Die Ganglienzellen des latero-kaudalen Teiles sind kleiner, ovaler, sehr tigroidreich und schärfer konturiert.

Myocastor coypus Molina

Die topograhische Abgrenzung des Claustrum und die ventro-dorsale Einteilung sind deutlich. Die latero-ventrale Zone des dorsalen Claustrum ist sehr schwach ausgeprägt. Die Nervenzellen des dorsalen Abschnittes (**Abb. 18, a_1**) sind multipolare, im Nissl-Bild birnenförmige, rundliche bis polyedrische Elemente, deren Tigroidsubstanz in groben Schollen verteilt ist. Die Kerne sind mittelgroß und enthalten meistens nur ein Kernkörperchen. Ähnliche, stärker variable Nervenzellen finden sich im Claustrum ventrale (**Abb. 18, b_1**), in dessen oralstem Teil auch schlanke, pyknotische und kleinere, meist spindelförmige oder unregelmäßig ovale Zellen auftreten. Das Nissl-Präparat gestattet keine nähere Diagnostizierung der einzelnen Zellelemente.

Mus musculus Linnaeus

Innigste Beziehungen bestehen zwischen dem dorsalen Teil des Claustrum und dem benachbarten Neocortex, so daß eine Trennung beider Gebiete kaum möglich erscheint. Die Claustrumzellen sind etwas dichter und unregelmäßiger gelagert als in der Rinde, es bestehen jedoch im Nissl-Präparat keine faßbaren histologischen Unterschiede. Der ventrale Teil des Claustrum ist weniger zellreich, seine Bauelemente sind aber von denen des dorsalen Claustrum morphologisch nicht zu unterscheiden. Die Ganglienzellen sind rundlich gebaut mit auffallend großen Kernen, welche mehrere winzige Nukleolen enthalten. Es handelt sich beim Claustrum der Maus um ein isomorphes Griseum.

Ondatra zibethica Linnaeus

Im Claustrum der Bisamratte kann man nur zwei Abschnitte unterscheiden, einen zellreichen dorsalen (**Abb. 19, a**) und ein Claustrum ventrale (**Abb. 19, b**), das etwa halb so viele Nervenzellen im gleichen Gesichtsfeld enthält. Es handelt sich um rundliche, oft multipolare Elemente, die große blasige Kerne enthalten. Diese weisen eine zarte Membran auf und enthalten ein winziges, selten zwei kleine Kernkörperchen. Im Nissl-Präparat erweisen sie sich als eine einheitliche Zellart, die sowohl in der dorsalen, wie auch in der ventralen Zone des Claustrums vorkommt. Zusammenfassend handelt es sich wie bei *Mus musculus* um ein isomorphes Griseum.

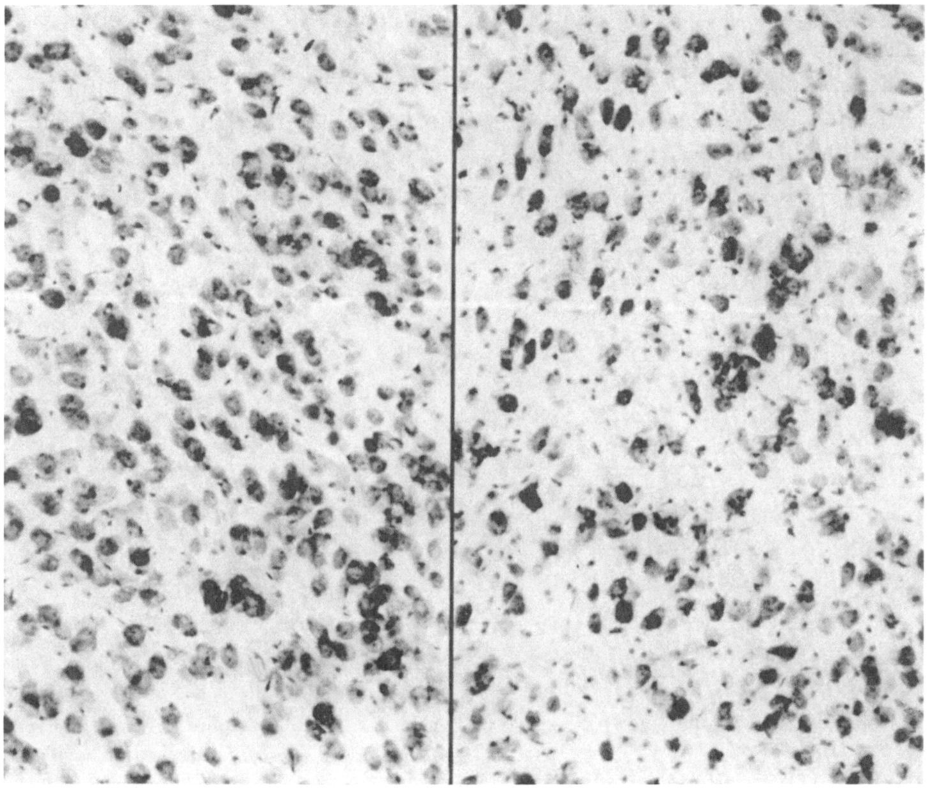

a b

Abb. 19. Zellpräparat des Claustrum dorsale (a) und ventrale (b) von *Ondatra zibethica*. (Celloidin, Thionin, 20 μ, 200 ×)

d) Diskussion der Befunde

Abgesehen von der topographischen Übereinstimmung in der Lage der Claustrumformation bei sämtlichen von mir untersuchten Nagerarten, findet sich auf Frontalschnitten als konstanter morphologischer Befund die Gliederung in ein dorsales und ein ventrales Claustrum. Bei den Nagern ist das Claustrum dorsale stets zellreicher als das ventrale. Über den phylogenetischen Wert beider Teile kann bisher wenig ausgesagt werden. Beim *Didelphis marsupialis*, ein Tier von dem man annimmt, dessen Gehirn sei vom Tertiär praktisch unverändert geblieben, sind schon zwei Gebiete vorhanden, wovon das dorsale genau wie bei den *Rodentia* zellreicher erscheint (Pilleri). In Anbetracht dieses Befundes kann man annehmen, daß das Claustrum als Ganzes eine stammesgeschichtlich alte Hirnvorrichtung ist, der sehr wahrscheinlich primitive Aufgaben der Hirntätigkeit innewohnen. Darüber müssen wir uns vorläufig, wie auch Fulton betont: „... die *Funktionen des Claustrum sind unbekannt*" (Fulton 1952), mit einem Ignoramus begnügen.

Ruiz, der die sekundären Degenerationen nach Claustrumexstirpationen untersucht hat, beobachtete nach doppelseitiger Entfernung des Kernes bei Katzen einen zwanghaften, bis zur Polyphagie gesteigerten Freßtrieb.

Für eine allgemeine Claustrumdifferenzierung spricht die Hervorhebung des Kernes im Bereich benachbarter Strukturen. Die Grenze gegen die Capsula externa ist bei allen Arten deutlich ausgeprägt, die Grenzen zum Neocortex können hingegen verwischt sein.

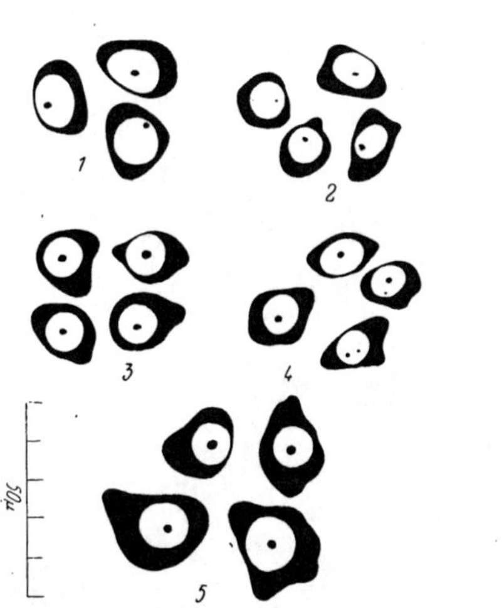

Abb. 20. Zelldiagramme von *Sciuromorpha*: 1 = *Sciurus niger*, 2 = *Aplodontia rufa*, 3 = *Marmota marmota*, 4 = *Marmota flaviventris*, 5 = *Castor canadensis*

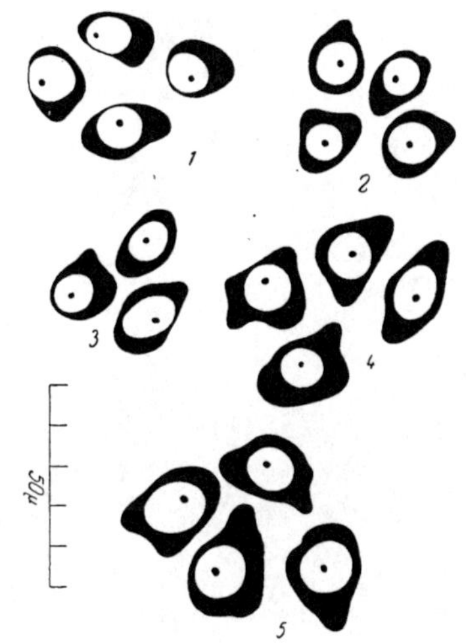

Abb. 21. Zelldiagramme von *Hystricomorpha*: 1 = *Chinchilla laniger*, 2 = *Myocastor coypus*, 3 = *Erethizon dorsatum*, 4 = *Hystrix cristata*, 5 = *Dolichotis patagona*

Bei der evolutiven Gruppe der *Hystricomorpha* ist das Claustrum dorsale vom Neocortex besser abgegrenzt und einige Arten weisen die Tendenz zur Bildung einer Capsula extrema auf. Bei den stammesgeschichtlich primitiven Gruppen der *Myomorpha* und *Sciuromorpha* ist das Claustrum mehr oder minder mit dem benachbarten Isocortexanteil verwachsen. Unter den *Sciuromorpha* nimmt aber der Biber insofern eine Sonderstellung ein, als die ganze Claustrumformation eine gewisse Individualität wie bei den *Hystricomorpha* erreicht hat.

Beide Teile, das Claustrum ventrale und dorsale sind in den Arten verschieden ausgeprägt. Bei manchen Arten, wie z. B. *Aplodontia rufa*, *Sciurus niger* und von den *Myomorpha* bei *Mus musculus*, kann der ventrale Teil stark reduziert sein.

Beide Teile können einheitlich gebaut sein, oder wie folgende Tabelle zeigt, eine cytoarchitektonische Felderung aufweisen:

Tabelle 1.

Tierart	Cytoarchitektonische Felderung		
	dorso-ventrale Gliederung	Zonen im Claustrum dorsale	Zonen im Claustrum ventrale
Castor canadensis	deutlich	3	2
Aplodontia rufa	ventrales Claustrum schwach entwickelt	1	1
Sciurus niger	ventrales Claustrum schwach entwickelt	1	1
Marmota flaviventris	deutlich	1	1
Marmota marmota	deutlich	1	1
Hystrix cristata	deutlich	2	1
Erethizon dorsatum	deutlich	2	1
Chinchilla laniger	deutlich	1	1
Dolichotis patagona	deutlich	1	2
Myocastor coypus	deutlich	1	1
Mus musculus	ventrales Claustrum schwach entwickelt	1	1
Ondatra zibethica	deutlich	1	1

Diese areale Gliederung wird bei den *Myomorpha* (*Mus, Ondatra*) völlig vermißt, sie ist hingegen bei den *Hystricomorpha* ausgeprägt. Von den *Sciuromorpha* — und das ist für unsere Fragestellung wichtig — weist *nur der Biber* eine Felderung auf, die sogar ausgeprägter erscheint als die stark differenzierter Stachelschweine *Hystrix* und *Erethizon*. Das Claustrum ventrale ist bei den meisten Arten cytoarchitektonisch einheitlich, hinsichtlich der Zellen iso- oder polymorph beschaffen. Bei *Dolichotis patagona* können wir darin zwei Gebiete unterscheiden; das rostro-mediale besteht aus den gleichen Zellen des Claustrum dorsale, das kaudo-laterale enthält eine andere Zellart. Im ventralen Claustrum des kanadischen Bibers treten umschriebene kleine Felder auf, die aus besonders strukturierten, kleinen Zellelementen bestehen. Ein weiterer Hinweis auf die Differenzierung ist durch die Zahl verschiedener Zellkategorien, vor allem im Bereich des Claustrum dorsale, gegeben. Im Biberclaustrum finden sich bei Anwendung der schwarzen Reaktion 6—7 verschiedene Zellarten. Diese einzig beim Biber nachweisbare Zunahme der Komplikation der Struktur geht offenbar mit einer Zunahme der Komplikation oder Steigerung bestimmter Funktionen einher, deren Erforschung Aufgabe der Neurophysiologie sein wird. Wie die Diagramme der **Abb. 20—23** und frühere Untersuchungen zeigen, besteht eine Proportion zwischen der Größe der Hauptzellen des Claustrum (der größten Nervenzellen im dorsalen und ventralen Kerngebiete) und der Körpergröße des Tieres. Sie geht mit einer Verschiebung der Kern-Plasma-Relation zugunsten des Plasma einher. Hingegen wird das Kernkörperchen bei Abnahme des Kernvolumens relativ größer. Eine solche Gesetzmäßigkeit kann bei allen drei Vergleichsreihen der *Sciuromorpha*, *Myomorpha* und *Hystricomorpha* nachgewiesen werden. Die absolut größten Nervenzellen mit den relativ kleinsten Kernen besitzt das Claustrum des kanadischen Bibers.

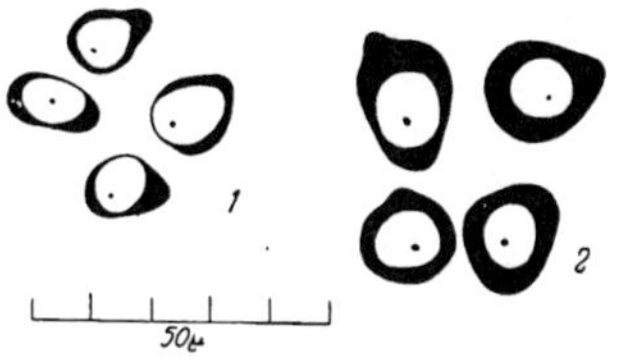

Abb. 22. Zelldiagramme von *Myomorpha*: 1 = *Mus musculus*, 2 = *Ondatra zibethica*

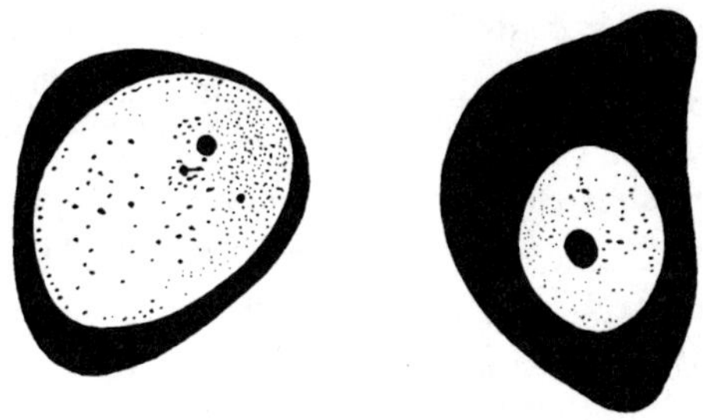

Abb. 23. Hauptzelle des Claustrum dorsale von *Mus musculus* (links) und *Castor canadensis* (rechts), in gleicher Größe schematisch dargestellt; man beachte die Kern-Plasma-Relation

Zusammenfassung

Nach einer ausführlichen Darstellung der Struktur des Claustrum beim kanadischen Biber (*Castor canadensis* Kuhl), werden die Claustra von elf Nagerarten aus den drei Subordnungen der *Sciuromorpha*, *Hystricomorpha* und *Myomorpha* morphologisch analysiert, unter Heranziehung der schwarzen Reaktion von Golgi. Eine dorso-ventrale Felderung in ein zellreicheres Claustrum dorsale und ein zellärmeres Claustrum ventrale ist das konstante Merkmal aller untersuchten Arten. Das ventrale Feld kann bei manchen Arten (*Aplodontia rufa, Mus musculus*) stark reduziert sein. Aus dem Vergleich der Befunde ergeben sich für das Claustrum des Bibers wesentliche Anhaltspunkte der höheren Strukturdifferenzierung. Im dorsalen Claustrum des Bibers werden 3, im ventralen 2 cytotektonische Felder abgegrenzt und in der ganzen Kernformation 6—7 verschiedene Zellkategorien (durchschnittlich 1—3 bei den übrigen Arten) diagnostiziert.

Die Größe der Hauptzellen des Claustrum ist der Größe des Tieres bzw. dem absoluten Hirnumfang proportional. Zunahme des Zellvolumens geht mit Zunahme des Plasma und der Tigroidsubstanz einher, d. h. unter Verschiebung der Kern-Plasma-Relation zugunsten des plasmatischen Zellanteils. Bei Kernverkleinerung nimmt in den Vergleichsreihen das Kernkörperchen an Volumen zu.

Für die Herstellung der Hirnserien bin ich Fräulein Margrit Kappeler, Ursula Schneider, Rita Wüthrich und Esther Bühlmann zu großem Dank verpflichtet.

Summary

A detailed description of the structure of the Claustrum of the Canadian Beaver (Castor canadensis KUHL), is followed by an analysis of the Claustra of eleven species of rodents in the three suborders Sciuromorpha, Hystricomorpha and Myomorpha, using the Golgi staining reaction. One constant characteristic of all the species investigated is the presence of a cell-rich Claustrum dorsale and a cell-poor Claustrum ventrale. In many species (Aplodontia rufa, Mus musculus), the ventral field can be greatly reduced. A comparison of the findings reveals important points which indicate a higher structural differentiation for the Claustrum of the beaver. Three cytotectonic fields can be defined in the dorsal Claustrum, and two cytotectonic fields in the ventral Claustrum of the beaver, and 6—7 different categories of cells are diagnosed in the whole nuclear formation, as compared with 1—3 different categories in the other species studied.

The size of the chief cells of the Claustrum is proportional to the size of the animal or to the absolute circumference of the brain. An increase in cell volume is associated with an increase of the cytoplasm and the tigroid substance, in other words, the nuclear-cytoplasmic ratio is shifted in favor of the cytoplasm. With decreasing nuclear size in the series compared, the nucleolus increases in volume.

Literatur

Cajal, S. R. y: Studien über die Hirnrinde des Menschen. 3. Heft (Barth, Leipzig 1902). — Fulton, J.: Physiologie des Nervensystems. (Enke, Stuttgart 1952). — Hall, E. R., and Kelson, K. R.: The Mammals of North America. 2. vol. (Ronald Press Co, New York 1959). — Pilleri, G.: Das Gehirn des kanadischen Bibers. Z. Anat. Entw. Gesch. **121**: 179—187 (1959). — Pilleri, G.: Das Zentralnervensystem des *Castor canadensis* KUHL. Acta zool. **40**: 105—140 (1959). — Pilleri, G.: Biber. Umschau, Heft 14: 420—424 (1960). — Pilleri, G.: Das Gehirn der Chinchillas und vergleichend-anatomische Betrachtungen mit verwandten Nagerarten. Acta zool. **40**: 23—41 (1959). — Pilleri, G.: Das Gehirn von *Dolichotis patagona* und *Hydrochoerus hydrochaeris*, nebst Betrachtungen über die endokraniellen Verhältnisse. Acta zool. **40**: 43—58 (1959). — Pilleri, G.: Zur Morphologie des Zentralnervensystems von *Erethizon dorsatum* Linnaeus (Rodentia, Hystricomorpha). Z. Anat. Entw. Gesch. **121**: 369—375 (1960). — Pilleri, G.: Beiträge zur vergleichenden Morphologie des Nagetiergehirns. Acta anat. Suppl. **38**: 1—124 (1959), und Suppl. **40**: 1—88 (1960). — Pilleri, G.: Die primären Riechzentren des kanadischen Bibers (*Castor canadensis* Kuhl) — feinere Anatomie des Bulbus olfactorius und vergleichende neurohistologische Untersuchungen. Acta anat. Suppl. 42 ad vol. **44**: 5—35 (1961). — Pilleri, G.: Der Bulbus olfactorius accessorius und die sekundären Riechzentren des kanadischen Bibers (*Castor canadensis* Kuhl). Acta anat. Suppl. 42 ad Vol. **44**: 57—82 (1961). — Pilleri, G.: Das Claustrum von *Didelphis marsupialis* (*Marsupialia, Didelphidae*). Acta anatom. (im Druck). — Rae, A.: The Connections of the Claustrum. Confinia Neurol. **14**: 211—219 (1954). — Ruiz Ortiz, A.: Vias de degeneraciòn a partio de estereotaxis del Claustrum cerebral. Anales de Anatom. **9**: 283—307 (1960).

Vorankündigungen

der in den folgenden Heften des Journals für Hirnforschung erscheinenden Beiträge:

KIRSCHE, Zur Fibrilloarchitektonik des Neocortex von Macaca mulatta Zimmermann

PILLERI, Das Corpus striatum des kanadischen Bibers

SCHMIDT, Die postnatale Genese der Kleinhirndefekte röntgenbestrahlter Hausmäuse

BYWATER, GLEES u. HAUFFE, The variability of neuron structure caused by the type of fixation or by the autolytic changes

Hinweise für Mitarbeiter

1. Es werden nur Arbeiten aufgenommen, die dem Publikationsgebiet der Zeitschrift angehören.
2. Es muß sich um wissenschaftlich wertvolle Arbeiten handeln, die neue und bisher unveröffentlichte Ergebnisse bringen. Arbeiten rein referierenden oder spekulativen Inhalts können in der Regel nicht aufgenommen werden.
3. Die Manuskripte sind einseitig mit Schreibmaschine geschrieben in druckfertiger Form einzureichen. Sie können in deutscher, englischer oder französischer Sprache abgefaßt werden. Außer der üblichen Zusammenfassung soll noch eine weitere Zusammenfassung in englischer Sprache beigefügt werden. Bei englischen Originaltexten kann für die zweite Zusammenfassung die deutsche, französische oder russische Sprache gewählt werden.
4. Der Verlag behält sich das ausschließliche Recht der Vervielfältigung, der Verbreitung und der Übersetzung in fremde Sprachen innerhalb der gesetzlichen Schutzfrist vor. Es ist ohne ausdrückliche Genehmigung auch nicht gestattet, Photokopien, Mikrofilme und dergleichen von dieser Zeitschrift oder von Teilen derselben herzustellen.
5. Von jeder Originalarbeit werden kostenlos 80 Sonderdrucke geliefert. Darüber hinaus können 70 Sonderdrucke gegen Berechnung bezogen werden.
6. Die Autoren werden gebeten, vor Einsendung der Manuskripte ein Merkblatt bei der Redaktion anzufordern, in dem die Richtlinien für die gewünschte einheitliche Gestaltung der Manuskripte niedergelegt sind.

   Manuskripte nehmen entgegen:

   Dr. J. Anthony, Museum National D'Histoire Naturelle, 55 Rue de Buffon, Paris V/Frankreich,

   Priv.-Doz. Dr. A. Hopf, Institut für Hirnforschung, Neustadt/Schwarzwald,

   Professor Dr. W. Kirsche, Anatomisches Institut der Humboldt-Universität, Berlin N4, Philippstraße 13,

   Professor Dr. J. Szentágothai, Anatomisches Institut der Universität Pécs, Pécs/Ungarn, Dischka u. 5.

Notice for Colloborators

1. Only those studies will be accepted which fall within the publication scope of the journal.
2. The studies should be scientifically original containing new and unpublished results. Review and speculative papers will, as a rule, not be published.
3. Manuscripts, type-written on one side, should be submitted in their final publication form. The may be written in German, English or French. An English summary must be joined to the summary in the language of the manuscripts. In case of an original English manuscript, German, French or Russian may be chosen for the second summary.
4. All rights of reproduction, circulation and translation in foreign languages are within the time limits of the law exclusively reserved by the publishers.

   It is not allowed to make photoprints, microfilms etc. from this Journal without the publishers proper consent.
5. Authors of original articles are supplied with 80 copies of their article free of Charges, more reprints (e. g. another 70) may be supplied on extra charges.
6. The authors should request from the editors a memorandum concerning the publication form before submitting their manuscripts.

   Manuscripts are accepted by: Dr. J. Anthony, Musée National d'Histoire Naturelle, 55, rue de Buffon, Paris V (France); Priv.-Doz. Dr. A. Hopf, Institut für Hirnforschung, Neustadt/Schwarzwald (Germany), Professor Dr. W. Kirsche, Anatomisches Institut der Humboldt-Universität, Berlin N4, Philippstraße 13 (Germany); Professor Dr. J. Szentágothai, Institut for Anatomy, University of Pécs, Dischka u. 5. Pécs (Hungary).

Avis aux Collaborteurs

1. Seuls les travaux seront acceptés qui répondent aux buts de la revue.
2. Seules seront acceptées les études d'un intérêt scientifique présentant des résultats nouveaux et pas encore publiés. Des travaux de références ou d'un contenu purement spéculatif ne seront pas publiés.
3. Les manuscrits, écrits d'un côté de la page à la machine, seront soumis dans leur forme de publication définitive. Ils peuvent être écrits en allemand, anglais ou français. Un résumé anglais, en dehors du résumé dans la langue du texte, est obligatoire. Pour les textes en anglais, l'allemand, le français ou le russe peut être choisi pour le second résumé.
4. Tous droits de traduction, d'adaptation et de reproduction, même par procédés photographiques, reservés pour tous pays.
5. Chaque publication donne droit à 80 tirages à part gratuits. Les tirages supplémentaires (70) sout aux frais de l'auteur.
6. Les auteurs sont priés, avant d'envoyer leurs manuscrits, de demander à la rédaction le réglement de publication.

   Les manuscrits seront acceptés par: Dr. J. Anthony, Musée National d'Histoire Naturelle, 55 rue de Buffon, Paris V (France); Priv.-Doz. Dr. A. Hopf, Institut für Hirnforschung, Neustadt/Schwarzwald (Allemagne); Professeur W. Kirsche, Anatomisches Institut der Humboldt-Universität, Berlin N 4, Philippstraße 13 (Allemagne); Professeur Dr. J. Szentágothai, Institut Anatomique de l'Université de Pécs, Dischka u 5. Pécs (Hongrie).

FSC
www.fsc.org
MIX
Papier | Fördert gute Waldnutzung
FSC® C083411

Zeitfracht Medien GmbH
Ferdinand-Jühlke-Straße 7
99095 Erfurt, Deutschland
produktsicherheit@kolibri360.de